5G 时代

如何把握 5G 这个超级风口

柳振浩 著

地震出版社
Seismological Press

图书在版编目（CIP）数据

5G 时代：如何把握 5G 这个超级风口 / 柳振浩著 . ——
北京：地震出版社，2020.6

ISBN 978-7-5028-5060-9

Ⅰ . ① 5… Ⅱ . ①柳… Ⅲ . ①无线电通信—移动通信
—通信技术 Ⅳ . ① TN929.5

中国版本图书馆 CIP 数据核字 (2019) 第 299144 号

地震版　XM4506/TN（5778）

5G 时代：如何把握 5G 这个超级风口

柳振浩　著

责任编辑：薛广盈

责任校对：王亚明

出版发行：**地震出版社**

北京市海淀区民族大学南路 9 号　　　　　　邮编：100081

发行部：68423031　　68467993　　　　　传真：88421706

门市部：68467991　　　　　　　　　　　传真：68467991

总编室：68462709　　68423029　　　　　传真：68455221

证券图书事业部：68426052　　68470332

http: //seismologicalpress.com

E-mail：zqbj68426052@ 163. com

经销：全国各地新华书店

印刷：北京柯蓝博泰印务有限公司

版（印）次：2020 年 6 月第一版　　2020 年 6 月第一次印刷

开本：710×960　1/16

字数：136 千字

印张：14.5

书号：ISBN 978-7-5028-5060-9

定价：55.00 元

5G时代——数字经济、
商业文明的全球深度塑造

在中美贸易摩擦背景下，数字化商业文明将成为未来世界的争夺热点。与5G技术相结合的人工智能、数字化货币金融、数字化商业经济体系将构筑未来的核心竞争力。

这是一个科技不断发展、生产力水平逐渐提高，但世界经济依然矛盾重重的时代；这是一个世界经济需要新文明的时代，需要新的经济文明来适应新的生产力、个人需求及自然环境的变化。

5G技术的特点：万物互联、高速率、低延迟。未来，全球所有人口、家庭、工厂、商业店面都会与数字化驱动技术、实时大数据、边缘计算、边缘存储、云计算、区块链、人工智能（AI）融为一体。基于5G数字化的经济体系将深刻影响全球；全球化数字治理，必然深度影响世界。

本书融合了作者20多年来的经济学、互联网经济和数字货币、社会学以及生物学等跨界的综合知识，从中得出了从超级账户（个人App）到微观数字货币发行机制、AI复合体经济等系统方案，进而从底层打通数字化金融、传统经济学与互联网经济之间的关联。

2007年8月2日，我在博客上发表了一篇文章，阐述了央行主导下的数字货币原理，比中本聪的研究早了一年。现在的数字货币、腾讯区块链发票系统、区块链金融支付等应用都有这篇文章的影子。

2019年6月18日，全球知名社交互联网公司脸书推出数字货币计划，引发全球瞩目。

2019年8月，央行接连发布信息，央行数字货币呼之欲出，因为微信与支付宝的存在，中国成为世界上金融移动科技最发达的国家，中国央行数字货币发行计划也成为世界上第一个由国家主导的数字货币发行计划。

本书提出的央行主导下的微观数字货币发行机制，解决了宏观经济与微观经济相结合的问题。这将为宏观经济补充充沛的微观驱动力，并会产生巨大的社会效益。未来的5G时代，数字化金融不仅会重塑金融体系，而且会对人们的生活、就业等产生全球化的重要影响。

2018年5月25日，欧盟《通用数据保护条例》（GDPR）正式生效。该条例涉及知情权、数据访问权、修正权、被遗忘权、数据可携带权、拒绝权和限制处理权等。

在个人隐私、数据权利方面，本书提出基于几年来个人思考的个人超级账户（个人App）方案，这与万维网之父蒂姆·伯纳斯-李（Tim Berners-Lee）教授的理念几乎相同，就是开发个人掌握的App，把个人数据掌握在自己手中，由此创造大量个人知识财富。

欧盟《通用数据保护条例》（GDPR）正式生效后，各国纷纷参考。这意味着对于互联网企业来说，以个人为中心的超级账户App，将重新塑造互联网生态，也必将诞生新的互联网财富机遇。

早在2001年之前，我就预测互联网超市及电子支付是未来的发展趋势；在2005年之前，我就提出了互联网超市线上、线下结合模式。这使我长期关注及思考电商、传统商业及电子支付、数字货币与个人现实生活的关联，而AI复合体经济就是互联网、电商与传统经济的一次全场景深度融合。AI复合体经济提出了在人工智能、自动化促使社会生产力水平大幅提高之后，人们应该如何工作、生活等系统性方案。

2019年9月26日，在华为深圳总部开启了"与任正非咖啡对话（第二期）"，主题是"创新、规则、信任"。主持人与观众席媒体提问："人们担心人工智能会取代自己的工作，大数据是否会导致人类不平等？"英国皇家工程院院士、大英帝国勋章获得者、英国电信前CTO彼得·柯克伦(Peter Cochrane)的观点如下。我们应该试着利用人工智能来打造可持续发展的生态社会，这个星球有足够的资源来支撑每个人活下去，但今天的技术会让我们摧毁生态系统。因此，要实现可持续发展，唯一的方法是改变我们目前的生活和工作方式。

任正非的观点如下。人类社会正处在电子信息技术爆发的前夜。人工智能能给社会创造更大的财富，是影响和塑造一个国家的核心变量，人工智能时代能给更多人带来机会，创造更多的财富。人工智能会使国家与国家之间的差距变大，我们要制订规则，富裕国家要帮助穷困国家，使得技术能够共享。

全球顶级计算机科学家、人工智能专家和未来学家、畅销书《人工智能时代》作者杰里·卡普兰（Jerry Kaplan）认为：人工智能将加剧社会的贫富分化，我们应该更多地去思考社会的规则，而非只为了少数人的利益去创造GDP。

本书从理论上消除了凯恩斯主义经济学派与奥地利自由经济学派之间的隔阂，提供了经济学的第三种选择，建立了新的联结通道，提供了新的理论工具，建立了新的规则，普惠大众。它将人们的工作、生活等各方面紧密联系起来，把互联网与经济学知识应用于社会，希望为社会创造出更大的价值。

第一部分 万物互联时代

第三部分　超级 AI 复合体经济

第一部分

万物互联时代

第 1 章　迎接 5G 时代

华为创始人、总裁任正非曾说过："未来信息社会的发展是不可想象的。未来二三十年，人类社会一定会有一场巨大的革命，在生产方式上要发生天翻地覆的变化。比如，在工业生产中使用了人工智能后，生产效率将会大大地提高。"5G 不仅仅是下一代移动技术，而且将是一种全新的网络科技，将万事万物以最优的方式连接起来。这种统一的连接架构将把移动技术的优势扩展到一个全新行业，并创造全新的商业模式。

谷歌公司董事长也表示，互联网即将消失，一个高度个性化、互动化的有趣世界——物联网即将诞生。

在通信行业中，G 就是"代"，是"generation"的缩写。从 1G 到 5G，就是从固网通信为主到移动通信为主的演变过程。

1G：模拟蜂窝网络，从 1983 年开始

第一代移动通信技术使用了多重蜂窝基站，但技术标准各式各样，用户在通话期间可自由移动并在相邻基站之间无缝传输通话，摩托罗拉是 1G 时代的代表。

当时全球处于固定电话时代，个人计算机刚刚兴起，互联网通信还没开始。中国当时还处于改革开放的初期，对于遥远的距离，电报比电话更方便。

2G：数字网络，从 1991 年开始

第二代移动通信技术用数字技术取代模拟技术，使通信质量、电话寻找网络的效率大大提高。消费得起的个人用户逐渐增多，基站的布局变得密集，而密集的基站提高了信号覆盖面积，进而减轻了手机信号收发系统的功率压力。另外，随着集成电路的发展，手机的体积逐渐由大变小，更加便于个人携带。在 2G 时代，诺基亚与爱立信在通信设备方面抓住了发展机会。

在 2G 时代，中国的固定电话从企业逐渐进入普通家庭。以微软、英特尔为代表的个人计算机开始在全球崛起并逐渐普及，但互联网才刚刚具备基础，还没大规模普及。

在 2G 时代，中国的移动通信开始崛起，经历了从摩托罗拉寻呼机到笨重的大哥大，再到小巧的手机的过程。手机价格随

着技术的发展而降低，普通消费者都能够买得起。

在 2G 时代，手机短信、彩铃成为移动公司的增值业务和新的利润增大点，移动电话费居高不下，移动电话依然没有大规模地普及，人们习惯用短信沟通，以便信息保存及节约电话费。

GSM（全球移动通信系统）成为全球流行的移动通信标准，它使国际漫游变得容易。

3G：高速 IP 数据网络，从 2001 年开始

第三代移动通信技术的最大特点是在数据传输中用分组交换（Packet Switching）取代了电路交换（Circult Switching）。语音、视频可以数字化传输，数字化信息开始成为互联网及移动通信的主流，手机通过移动信号可以访问互联网。以品质著称的诺基亚逐渐成为手机业务的王者。

在中国，手机的价格逐渐降低，移动通信费用也开始降低，手机逐渐普及。

这期间，手机功能依然以通话、短信为主，手机智能化理念开始形成，而互联网中以个人计算机为主，通过固定电话访问互联网的时代开始，并逐渐大规模普及，固定电话开始逐渐成为家庭必需品。

4G：全 IP 数据网络，从 2009 年开始

在 4G 时代，随着苹果智能手机的崛起，移动互联网、数字化、智能化成为手机通信的标配。高通芯片与谷歌安卓操作系统占领了大部分手机市场。三星凭借屏幕、芯片、移动存储等全球核心产业链优势，赢得很大市场份额与利润空间。凭借过硬的技术及服务组合，华为成为全球通信设备巨头，并在手机业务方面逐渐崛起。在 4G 时代，以中兴、华为为代表的通信设备商逐渐成为全球标准的重要参与者，以华为、小米、OPPO 为代表的中国智能手机制造商逐渐成为国际市场的重要参与者。

互联网时代，在手机、计算机、显示屏、芯片、电子产品代工，以及产业链完善、技术研发等方面，中国都是全球重要参与者。

5G：2019 年开始的万物互联时代

中国信息通信研究院发布的《通信企业 5G 标准必要专利声明量最新排名》显示，按照欧洲电信标准化协会（ETSI）的有关规定，截至 2018 年 12 月 28 日，在 ETSI 网站上进行 5G 标准必要专利声明的企业共计 21 家，声明专利量累计 11681 件。

华为以 1970 件 5G 声明专利排名第一，占比 17%；诺基亚以 1471 件 5G 声明专利排名第二，占比 13%；LG 以 1448 件 5G 声明专利排名第三，占比 12%；中兴以 1029 件 5G 声明专

利排名第六，占比9%；大唐电信以543件5G声明专利排名第九，占比5%。中国三家企业的声明专利总量为3542件，占全球总声明专利量的百分之三十多。

从1G到5G，随着标准国际化及市场规模集中化，阿尔卡特、爱立信、华为、LG、朗讯、摩托罗拉、北电、诺基亚、富士通、西门子、NEC、三星等通信巨头，有的破产，有的被收购或兼并，如今主要设备商只剩下华为、爱立信、诺基亚和中兴了，华为成为5G时代的领头羊，美国的移动通信设备商则几乎全军覆灭。未来物联网时代的话语权可能会由中国掌控，这也正是美国一再打压华为的重要原因。

十几年前，当家乐福、沃尔玛、国美电器、苏宁电器等超级卖场替代传统百货商场生意火爆的时候，它们的老板也许没想到今天的困难。亚马逊、京东商城与淘宝的悄然崛起，让这些超级卖场的经营变得困难重重。就在此时，美国、欧洲国家的传统百货业也面临日渐萧条的困境，同样的现象也渐渐在中国一些传统商场中出现。

同样是十几年前，在雅虎、网易、搜狐等门户网站大行其道、逐渐取代传统媒体的时候，它们也想不到现在谷歌、腾讯、百度这样的搜索网站与社交媒体竟然站在了信息时代的最前沿。

同样走在时代前列的亚马逊、阿里巴巴这样的互联网商业集团，已经让电子支付成为现实。支付宝与微信成为人们的钱包，它们被广泛应用于电子商务领域，也使线下支付变得更为便捷。电子支付手段迫使传统银行做出变革，以适应这个新的时代。

现在越来越多的互联网资源开始流向微软、苹果、谷歌、亚马逊、阿里巴巴、腾讯、百度、京东等少数的巨型企业。

而十几年后，亚马逊、京东、阿里巴巴、腾讯、谷歌、百度、新浪等巨型企业是否会被一种新模式打败，或者将主营业务扩展至新的领域，都具有不确定性。这种不确定性也会产生新的机遇。

4G时代，互联网生态给人们带来了极大的便利。知识付费、网络购物、手机订餐、手机支付、网络影视、视频直播、智能音响、共享单车、网约车、地图导航等4G时代的互联网产物已经深入人们的生活。在工业物流领域，人们开始越来越多地应用机器人等自动化设备。智能交通、互联网政务、智慧城市概念也在逐渐形成。

在5G时代即将来临的4G时代后期，互联网助力一些公司飞速发展，如美团、滴滴、快手、今日头条、科大讯飞、小米等。

在5G时代，传统行业面临重塑，现有的互联网巨头们也将面临严峻考验，要么适应未来的要求，要么退出历史舞台。在智能高速互联时代，不应该让个体变得无用，而要让大部分人更好地享受生活，让科技为人类服务。

谷歌董事长施密特称，未来将有数量巨大的传感器、可穿戴设备，以及虽感觉不到却可与之互动的东西时时刻刻伴随你。设想一下，当你走入房间，房间会随之变化，你将可以与房间里所有的智能产品进行互动。他表示，这种变化对科技公司而言是前所未有的机会，世界将变得非常个性化、非常互动化和非常有趣。此刻所有赌注都与智能手机应用基础架构有关，似乎也将出现新的竞争者为智能手机提供应用，智能手机已经成为超级计算机。他认为这是一个完全开放的市场。

5G成为当前世界各国及各个互联网企业争夺的战略制高点。

有人说5G时代开启了第四次工业革命，是互联网产业的第三次升级。5G时代让人超级期待：万物互联、高速视频互动、虚拟现实互动（VR/AR）、基于虚拟超逼真模拟技术的互动、娱乐及创意影视制作、自动驾驶、云服务、AI智能辅助、智能家居、智慧城市、智能工厂、智慧农业、远程医疗等。

在未来5G时代的发展中，很多技术与应用场景需要逐渐积累，颠覆式的创新会不断地涌现。可以肯定，5G会引发一场涵盖农业、工业、服务业三大产业，住房、教育、医疗等民生领域的大范围革命。这也是各个国家、城市、企业推动部署

5G 战略的重要动力。

1.1 5G 时代的标志：万物互联、增强移动宽带、低延时性

2019 年是 5G 全面商用的关键一年，全球 5G 网络的部署已经启动。

相对于 4G，5G 的优势体现在这三个方面：运用增强移动宽带（eMBB），实现海量万物互联，实现超高可靠度、低延时通信。像这种 1 毫秒级响应速度，海量信息高速传输机制，超强的连接能力，将会开启万物广泛而深度连接、人机深度交互的新时代。

5G 网络目前正处在最后的测试阶段，该技术将依靠更密集的小型天线阵及云端来提供比 4G 快 10 倍以上的数据传输速度，下载速度可达到 1GB/s，一部电影在几秒内即可下载完成。增强移动宽带让超高清视频的播放更加流畅，同时为其他需要高速传播的行业带来了机遇。5G 网络还带来了 3D 通信、4K 及 8K 超高清视频观看、在线 AR/VR、云办公等新的体验。

近日，微软表示，会建立 AR 用户社区，人们可以通过 VR 系统体验车辆驾驶，用户在驾驶时可以对其他驾驶员的表现进行评分、评论。这样每位驾驶员对道路上其他使用 VR 系统驾

驶车辆者的看法都是对其虚拟信息的补充，通过收集驾驶员的观点，就可以达到优化驾驶体验的效果。

目前无人驾驶最大的安全隐患是机器反应不迅速，利用5G的高带宽、低延时时性正好解决了这一问题。例如，普通人踩刹车的响应时间大约是0.4秒，而在5G技术的支持下，人工智能可以实现1毫秒响应时间。结合智慧公路系统，未来无人驾驶不仅在安全性方面会得到提高，还能带来更好的行车调速体验。目前，中国联通利用5G网络在厦门集美区成功测试了首辆智能网联公交，这辆公交车在超视距防碰撞、车路协同、智能车速、精准停靠等方面表现良好。

无人驾驶与物联网的结合会产生新的应用场景，如飞行汽车、无人共享汽车、无人物流车等。

快速响应、低延时通信除了可应用于自动驾驶领域，还可应用于智能工厂、智能建造、远程医疗等实时性要求高的领域。

1.2 海量、多层级互联的 IP 地址

IPv6（互联网协议第6版）号称可以为全世界的每一粒沙子赋予一个网址。而万物互联的本质就是万物都有独立的 IP 运行能力。IP 地址是每一台设备联网时必备的身份证，IPv6 是替

代 IPv4 的下一代 IP 协议，是用于互联网的网络层协议。

此前，IPv4 中规定 IP 地址长度为 32 位，即仅能提供约 42.9 亿（2^{32}）个 IP 地址。北美占有约 30 亿个，而人口最多的中国只有 3000 多万个。网络地址的不足严重制约了万物互联的发展，满足不了时代的需求。而 IPv6 中的 IP 地址长度为 128 位，即有 2^{128} 个地址，几乎可以不受限制地提供地址。

此外，IPv6 还解决了端到端 IP 连接、服务质量（QoS）、安全性、多播、移动性、即插即用等问题。IPv6 带来海量互联网 IP 资源的同时，也实现了将根服务器设在自己的国家，进而让国内用户的网络环境更安全。

推进 IPv6 规模部署，将深刻影响未来的互联网生态。5G 与 IP 地址广泛结合后，将会出现更多的技术应用环境，在重新塑造社交、视频、电商、搜索、游戏等领域的同时，也让物联网、工业互联网、云计算、大数据、人工智能等新兴领域得到快速发展。

由于每台设备都拥有自己的 IP 地址，因此智慧城市、智能农业、智能电网等应用将越来越接近现实。

2019 年 1 月 7 日，腾讯云宣布全生态推进 IPv6 战略，同时腾讯游戏、腾讯视频、QQ 浏览器等腾讯旗下核心产品已全面支持 IPv6 上线，微信和 QQ 两大应用也即将完成 IPv6 技术升级。

此前，阿里巴巴也宣布全面拥抱 IPv6，实现"云管端"的全面打通，淘宝、优酷、高德三大业务已经接入。同时，腾讯、阿里巴巴等获得了中国电信、中国移动、中国联通的支持。

1.3　人工智能、大数据

人工智能是什么？计算机与统计学相结合就是人工智能。2019 年 1 月 17 日，任正非在访谈中谈到时下发展火热的人工智能技术时说道："计算机与统计学相结合就是人工智能。"

2019 年 2 月，谷歌发布了首个基于移动端分布式机器联合学习（FL）系统，该系统目前已在数千万部手机上运行。这些手机共同学习一个模型，并且所有的训练数据都留在设备端，以确保个人数据安全。未来该系统有可能在几十亿部手机上运行。联合学习（FL）是一种分布式机器学习方法，可以利用保存在智能手机等设备上的大量分散数据进行训练，"将代码引入数据，而不是将数据引入代码"，并解决了关于隐私、所有权和数据位置等基本问题。

5G 时代，将在 10 亿个场所、50 亿人、500 亿物的范围内实现家庭、企业、政府等系统的深度多层级连接。另外，具有超级连接能力的 5G 网络，将与数字化驱动技术、实时大数据、边缘计算、边缘存储、云计算、区块链、人工智能融为一体，带来产业的革命性变化，实现万物平台化、在线化、全云化、即插即用等。

谁拥有数据，谁就拥有世界

特朗普在美国时间 2019 年 2 月 11 日签署了一项行政命令，启动美国人工智能倡议（American AI Initiative），指示联邦机构专注于推动 AI 发展。美国此次的人工智能倡议具体包括五个"关键支柱"。

（1）研发。政府要求各机构在支出中"优先考虑人工智能投资"，但没有详细说明白宫将要求多少资金来支持这一计划。该倡议还呼吁各机构更好地报告人工智能的研发支出，以便对整个政府的研发支出进行概述。

（2）基础设施。各机构将帮助研究人员获取联邦数据，提供算法和计算机处理上的帮助。

（3）标准。白宫科技政策办公室和其他组织将共同起草管理人工智能的总体指导方针，以确保人工智能产品被安全和合乎道德地使用。

（4）人才配备。白宫的人工智能咨询委员会和就业培训委员会将寻找对工人继续教育的方法。此外，各机构将被要求划拨计算机科学方面的研究经费，设立培训项目。

（5）国际事务。政府希望在人工智能领域实现微妙平衡：在不损害美国利益或放弃任何技术优势的情况下，与其他国家在人工智能领域开展合作。

2019年1月，阿里巴巴达摩院发布了《2019十大科技趋势》。该报告中的科技趋势涉及智能城市、语音AI、AI专用芯片、图神经网络系统、计算体系结构、5G、数字身份、自动驾驶、区块链、数据安全等领域。

在万物互联的时代，无人驾驶、机器人、工厂智能化、智慧农业、5G、边缘计算、自然语言处理、图片识别、语音、增强现实、可穿戴等技术将与人工智能相结合，不断拓展出新的产业应用场景。

1.4　数字化农业的未来

近几十年来，中国经济的发展取得了惊人的成绩，从农业大国到工业强国，中国创造了一个又一个奇迹，现在中国又在积极地做5G时代的引领者。但是不得不说，中国的农业基础薄弱，一方面是农用土地有限，另一方面是土地承包分散与集中之间存在矛盾。此外，大量施用无机肥造成土壤酸碱化严重，粗放管理带来了食品安全及营养问题。

中国虽地大物博，但情况十分复杂。中国人均农耕地资源相对有限，南北、东西差异明显，东部及中原地带村落密集。这就需要根据不同地域的情况建立不同的农业模式。数字化、人工智能恰恰可以在这方面发挥作用。粮食与蔬菜种植方面在数字农业领域的发展，可以向荷兰的温室种植、以色列的节水滴灌学习。

荷兰是世界农业强国，是全球第二大蔬菜输出国，但是一个温度比较低、距离北极圈仅 1600 千米、国土面积只有 4.2 万平方千米的国家。经过几十年的精心研究，荷兰人研究出了能够控制光照、温度、湿度、二氧化碳浓度的温室大棚系统，并在标准化栽培、育种、改良、有机农业、病虫害防治和农业智能化方面摸索出了具有国际独特竞争力的体系。在世界大学农学院排名中，荷兰瓦格宁根大学的农学院排名第一。

以色列国土面积仅2.5万平方千米，其中60%还是沙漠，却养育着900万国民。以色列年均用水量为20亿立方米，自然补给不足12亿立方米，用水缺口高达40%以上。因此，以色列全面普及了最先进的智能滴灌技术。一个个如电表大小的感应器被铺设到田里，人们通过这些感应器不间断地监测土壤、作物生长、气温、湿度等数据，再通过计算机使混合了肥料和农药的水渗入植株根部，用最少量的水培育出最好、最多的谷物。

以色列的水资源利用率达 85% 以上，还通过各种手段，不断把沙漠变成绿洲。以色列的耕地面积已由之前的 16 万公顷①扩大到目前的 45 万公顷，农产品不仅能够满足国内的需求，而且被大量出口。

荷兰、以色列是世界高科技农业国的代表，其农业堪称世界农业的奇迹。除了荷兰和以色列，日本的小型农业机械系统及精确农业也是中国农业可以参考学习的。

2019 年 2 月 19 日，《中共中央国务院关于坚持农业农村优先发展做好"三农"工作的若干意见》（以下简称《意见》）对外发布。《意见》中共提出了八个方面的工作要求，包括：聚力精准施策，决战决胜脱贫攻坚；夯实农业基础，保障重要农产品有效供给；扎实推进乡村建设，加快补齐农村人居环境和公共服务短板；发展壮大乡村产业，拓宽农民增收渠道；全面深化农村改革，激发乡村发展活力；完善乡村治理机制，保持农村社会和谐稳定等。

优美的居住环境，先进的农业发展模式，应该是中国在 5G 时代需要重点强调的。在 5G 时代，农业也应享受信息科技的发展成果，运用智能机械实现农业远程操作，提供可视化农业安

---

① 1 公顷 =10000 平方米。

全保障，智能监测土壤、气候等信息，运用专业的技术与经验，建设宜居生态农村，实现农业高效可持续发展。

1.5 工业互联网

中华人民共和国工业和信息化部（以下简称"工信部"）印发了《工业互联网网络建设及推广指南》，提出了新的工作目标：到 2020 年，形成相对完善的工业互联网网络顶层设计，初步建成工业互联网基础设施和技术产业体系。其中，工作目标的一个方面就是初步建成适用于工业互联网高可靠、广覆盖、大带宽、可定制的支持 IPv6（互联网协议第 6 版）的企业外网基础设施；建设一批工业互联网企业内网标杆网络，形成企业内网建设和改造的典型模式，完成 100 个以上企业内网的建设和升级。

在 5G 系统下，工业互联网将构建工业环境下人、机、物全面互联的关键基础设施。人们利用工业互联网网络可以实现工业研发、设计、生产、销售、管理、服务等产业要素的泛在互联。到了工业互联网时代，企业、科研机构、高校、消费者都将重新塑造融合。

未来会出现共享的工厂。在 5G 时代，通过此书后面提到的超级账户 APP、微观货币发行机制、数字化金融，AI 复合体经济将会诞生新的经济生态模型。比如工厂的设备可以以个人名义投资，个人投资的设备分享企业链条利润，工厂产品有不同的虚拟现实设计公司或个人开发。

1.6 智慧城市

城市中密集的网络将智能管理与服务带进社区，让社区的安全更有保障。智慧城市未来将由人性化的智慧社区构成。

人们的住房系统会配置更多的"空中花园"，符合节能环保需求。智能家居及关联服务体系能为人们照顾孩子、赡养老人提供更多帮助。人们购物之后，自动配送系统会按程序把大部分物品运送到购买者家里或者其他方便的收货地点。地下、地上多功能自动停车系统让人们不再为供不应求的停车位发愁。同时，密集的 5G 网络系统可协同具有自动驾驶功能汽车的行驶路线，也可按照车主制订的驾驶路线到达目的地。而对于多数人来说，可能智能地铁、智能公交已经解决了大部分出行问题，只在远行的时候才开自己的汽车。

1.7　智慧教育

　　未来的人们将不再为教育资源配置问题而焦虑，学生可以共享全球最好的教育资源。通过应用三维虚拟技术，学生会看到各个专业最好的实物动态模型，配备给每个学生的教学系统可以让学生任意停留在自己想了解的画面上。通过应用三维投影技术，学生可以了解知识的产生过程。而老师只是教学生语言、文字，这可以弥补三维共享教学的不足，老师也会变得轻松。这样的教学体系将让学生花费在学习上的时间大大减少，教育将更加公平，同时人们可以学习全球最好的课程。学生借助人工智能系统，通过考试来检验学习效果，当然对于实习问题，将会在各个城市的学校的辅助下解决。

1.8　智慧医疗

　　智能化在未来的医疗系统中也将有更多的体现。在 5G 网络覆盖医疗诊断系统后，远程手术成为现实，互联网专家团队可以通过使用人工智能辅助系统对检测结果进行分析并给出方案，慢性疾病的护理及治疗方面将更多地应用远程智能监控与自动化现场结合的技术。医疗体系将建立信任机制，从药品采购到治疗都将实现程序化。科学家通过人工智能及生物学大数据可以筛选数百万种生物分子与化学物质，以加速新药物的研制。虚拟医学教学也可以让很多人从繁重、漫长的医学学习中脱离出来，同时医科大学能够帮助医疗工作者及患者找到更好的治疗方案。

1.9　数字政务

互联网的发展也为政务处理提供了方便。现在很多城市正在推出使用更加方便的政务系统。据新华社消息：江苏省昆山市 2019 年 2 月 11 日召开优化营商环境新闻发布会，聚焦办理施工许可、开办登记、纳税、跨境贸易等环节，推出优化营商环境 23 条政策和 10 项配套措施，提出"不见面审批"服务方案，实现开办企业全流程 1 个工作日内完成、不动产登记全流程 3 个工作日内完成、一般工业建设项目施工许可全流程 30 个工作日内完成。

昆山市是江苏省的一个县级市，但经济实力及活力远超内陆地区的一些地级市。对于中国大部分地区来说，县级以下地区经济相对缺乏活力，就业机会较少，青壮年人口长期外流，农业农村问题又是县级以下地区的重中之重。

在 2019 年 9 月 25 日开幕的杭州云栖大会上，浙江省省长袁家军表示：到 2019 年底，要实现全省政务事项 100% 网上可办，80%"掌上办"，90%"跑零次"，90% 以上的民生事项实现一证（身份证）通办；到 2020 年底，"掌上办事之省"和"掌上办公之省"两大目标要基本实现，也就是老百姓都在掌上办事，浙江省各级政府都在掌上办公；到 2022 年，掌上办事、掌上办公实现核心业务 100% 全覆盖。

在服务企业方面，要进一步优化营商环境。袁家军表示，目前已经取得了一定的进展，企业从准入到退出的全生命周期均可通过 App 实现一网通办。

在服务百姓方面，他透露，通过实施"互联网 + 医疗健康"项目，在全国首发了健康医保卡，在杭州 200 多家医院实现了先看病后付费，极大方便了百姓就医。

在政府办事效率方面，袁家军表示：省、市、县政府之间、省政府的部门之间的信息资源实现充分共享，职责边界更为清晰，联动协同更为高效，履职方式由原来的单一部门的权力行使转变为统一政府协同，行动决策和执行由单层、单部门实施，向多层联动、多部门协同方向转变。

我们可以看到，通过万物互联构建的数字化政务系统、可信任的层级连接，对于激发城市、农村活力，优化资源，吸引外来投资，发展高效生态农业及工业，提升服务业水平等有关键性作用。

1.10　虚拟与混合现实

2019 年 1 月，在美国拉斯维加斯举行的消费电子展（CES）上，《纽约时报》负责人宣布要建立一个 5G 新闻实验室，未来的新闻会根据时间、读者所在地提供交互性、沉浸性的 3D 流媒体影像，让读者身临其境地看新闻。

在北京金融街区域，中国联通已完成了 5G 的组网试验。《21 世纪经济报道》的记者在车上相继体验了 5G 网络的多种应用，如速度 1GB/s 以上的 5G 视频；通过 VR 系统对长话大楼 5G 机房进行巡检；最厉害的是通过 VR 系统，实现了西洋音乐与古典音乐的异地同时协奏。作为未来世界可能的科技入口，VR/AR 系统得到了很多大互联网公司等的青睐。

微软于 2019 年 2 月 24 日在西班牙巴塞罗那举办的"2019 世界移动通信大会（MWC2019）"上召开了新闻发布会，发布了第二代 MR(混合虚拟现实) 设备 HoloLens2。用户通过使用手动追踪和语音识别功能，可以直接通过手势操控全息影像中的物体，并使用语音进行控制和交互。该设备利用深度传感器、

AI 语音功能、眼球跟踪传感器，让人们与全息影像的交互更加自然。这款头显还配备了一个 800 万像素的摄像头，可用于视频会议等。和第一代产品相比，HoloLens2 更加舒适、更加轻薄，可提供更好的视角及更高的像素。

微软同时发布了 Azure Kinect DK 开发套件。其核心配置是微软为 HoloLens2 开发的 TOF 深度传感器、高清 RGB 摄像头、麦克风圆形阵列。通过应用 Azure Kinect DK，工程师可以开发出高级计算机视觉和语音应用方案来为 HoloLens2 服务。

除了硬件，微软还发布了名为 Dynamics 365 Guides 的应用软件，试图通过广泛的合作伙伴系统，依靠微软智能云建立混合现实生态体系，为全球合作伙伴提供基于 HoloLens 的各类丰富场景。安装了 Dynamics 365 Guides 应用软件的计算机可以把照片和视频导入 3D 模型，并能够定制培训，微软智能云可以帮助完成图像处理工作，并通过智能云将结果传回计算机或手机，用户可以通过计算机或手机观看超高保真全息图。

微软 MR 设备目前主要面向企业级用户，可为合作伙伴及客户提供定制服务。这项技术可以应用在健康医疗、建筑、工业制造等领域，如微软基于 HoloLens2 系统与飞利浦 Azurion 图像引导治疗平台合作，一起开发 AR 技术。外科医生可以佩戴 HoloLens2，利用深度传感器、AI 语音功能、眼球跟踪传感器来控制 Azurion，获取患者的生理数据和相关 3D 影像数据，最终取得更好的治疗效果。在特定行业，微软已经与合作伙伴 Trimble 合作推出了一款全新的头戴式安全设备，能够保证在安全可控的环境中，工作人员在其工作现场进行全息信息访问。

虚拟现实技术不仅会为购物、游戏、旅游等领域带来新的场景，还会在教育领域掀起一场积极的变革。我们可以想象，未来的教育或许是这样的：人们利用三维高清显像技术或者虚拟现实技术，就可以感受超逼真的环境，了解宇宙万物，获取所需的知识。

1.11 超级大脑

未来的互联网系统就像是一个超级大脑，全世界通过计算机、物联网等，按照多层协议，在能源、生态环境、农业、工业、居住、旅游、金融、经济、学习、知识产权等方面进行深度互联。

全球互联的世界将是一个智慧世界。人们可在全球范围内实现信息的共享、多维度合作，可以优化能源资源配置，将更节能的技术用在传统能源领域，并推动新能源的布局及效率的提高。

人们可以通过互联网视频或 VR 系统来实现对典范农业国或地区的虚拟混合现实的超逼真访问，接受在线培训并学习知识，也可以远程管理所承包的农业、投资畜牧业、参与公益活动。人们还可以通过使用远程技术为其他国家或地区的居民建造房屋，甚至在其他国家或地区的工厂、社区、医疗机构、公益部门工作。

1.12 数据即财富

随着万物互联，互联网场景的塑造将深入人们的生活。

苹果 CEO 库克在《时代》杂志上发表的一篇评论义章中，向美国执行反垄断和保护消费者法律的联邦机构 FTC（美国联邦贸易委员会）建议，应该实施一个新的框架，建立"数据经纪人清算所"，增加科技公司处理用户数据的透明度，并允许人们"按需"跟踪和删除这些数据。

库克说，他和一些志同道合者正在呼吁美国国会通过"全面的联邦隐私立法"，尽量减少掌握在公司手中的消费者数据，让消费者能够知道哪些个人信息正在被收集，并按照个人意愿删除数据。

"我们认为 FTC 应该建立数据经纪人清算所，并要求所有数据经纪人进行登记，以使消费者能够跟踪在不同地点捆绑和销售其数据的交易，让消费者有权彻底删除他们的数据，并且只要在线就能轻松做到。"库克说。

在此之前，库克于 2018 年在布鲁塞尔发表演讲称，收集和销售用户数据的业务是"数据产业综合体"（Data Industry Complex），个人信息正"变得像军事武器一样极具威力"。

据《麻省理工科技评论》，美国加州州长倡议"数据分红权"，谷歌和社交媒体应该为使用数据向用户付钱。据相关报道，加州州长在演讲中提议"数据分红权"，即加州用户提供了自己的数据，虽然非自愿提供，也应获得报酬，相关方应共享通过他们的数据所创造的财富，用户应有权要求删除自己的信息。科技公司应披露是如何收集用户数据的、将用于何处，且有义务确保这些用户数据不被盗用。

在 2019 年 3 月 31 日举行的中国（深圳）IT 领袖峰会上，香港交易及结算所有限公司集团行政总裁李小加发表主题演讲"数据与资本的远与近"。他指出，在 5G 时代，资本方有巨大的动力来进行 AI 领域投资，但是目前 AI 领域还不能吸引到足够的资本。5G 时代，数据将成为资本市场上新的"大宗商品"和"原材料"。

第 2 章 华为从 5G 到鸿蒙 OS 操作系统

2.1 华为 5G 通信

2019 年是全球 5G 网络开启试商用的元年，包括华为、中兴、爱立信、诺基亚在内的多家 5G 设备提供商从 2018 年开始奏响了大规模部署 5G 的序章。遗憾的是，美国以国家安全为由，继 2018 年对中兴进行极限打压之后，试图再次阻止华为的全球化发展。

2019 年 5 月 16 日，美国把华为列入黑名单，禁止美国高科技企业与华为进行贸易往来。在美国试图遏制中国发展，中美发生贸易摩擦的背景下，华为凭借 30 多年累积的实力，在 2019 年 8 月 18 日之前，接连发布面向 5G 时代的通信设备、数字化光纤通信系统、5G 基站及基站天罡芯片、服务器、数据库、麒麟芯片、方舟编辑器、高斯数据库、鸿蒙操作系统等核心芯片与软件产品，保证了华为在美国打压之下继续保持业务的稳定增长，核心业务不受美国的致命打击，华为无疑成为中国抵抗美国高科技封锁的处于国际化前沿的中流砥柱。

华为计划在英国投资 800GB/s 模组光传输芯片业务。在高端光芯片领域，全世界依赖美国、日本的高端光芯片供应，之前全世界最高端光芯片的水平为 400GB/s。经过多年努力，华为不仅实现了 400GB/s，而且做出了 800GB/s 的光传输芯片。5G 时代是超宽带大数据传输时代，而超宽带传输最核心的技术就是光芯片传输技术。

华为早在 2009 年就开展了 5G 研发，是通信设备行业目前唯一能提供端到端 5G 全系统的厂商。目前华为已经可提供涵盖终端、网络、数据中心的端到端 5G 自研芯片，支持"全制式、全频谱（C 波段 3.5G、2.6G）"网络。作为 5G 领域的开创者，华为目前的技术成熟度比行业其他公司领先 12 ~ 18 个月。

华为创始人、总裁任正非在接受采访时表示：华为是全球 5G 技术做得最好的厂家，在 5G 技术上的突破将为华为创造更多生存支点。世界上做 5G 的厂家就那么几家，做微波的厂家也不多，能够把 5G 基站和最先进的微波技术结合起来的，世界上只有华为一家了。

2019 年 1 月 24 日，华为正式发布了两款重要的芯片，分别是首款 5G 基站核心芯片——天罡芯片与手机 5G 终端基带芯片——巴龙 5000。

5G 基站核心芯片——天罡芯片在集成度、算力、频谱带宽等方面均取得了突破性进展。该芯片支持 200M 频宽频带，可以把 5G 基站尺寸减小一半，重量减轻 23%，安装时间比 4G 基站减少一半时间；5G 单小区容量从 4G 时期的 150MB/s，扩大到 14.58GB/s，每比特能效提升 25 倍。4G 基站的能耗为 550 瓦特，5G 基站的能耗为 650 瓦特；已实现时延 1 毫秒。

（1）极高集成：首次在极小的尺寸规格下，支持大规模集成有源 PA（功放）和无源振子。

（2）强大算力：将运算能力提升了 2.5 倍；搭载最新的算法及 Beamforming（波束赋形），单芯片可控制业界最高的 64 路通道。

（3）极宽频谱：支持 200M 运营商频谱带宽，一步到位，满足未来网络的部署需求。

同时，该芯片使华为智能有源天线 AAU（Active Antenna Unit）的性能得到了较大的提升：使基站尺寸缩小超 50%，重量减轻 23%，功耗节省达 21%，安装时间比标准的 4G 基站节省了一半，可有效解决站点获取难、成本高等问题。

华为 5G 产品做到了极简架构、极简站点、极简能耗、极简运维。

华为 5G 终端基带芯片巴龙 5000 不仅是首款单芯片多模的 5G 调制解调器（Modem），能够提供从 2G 到 5G 的支持，能耗更低，效能更强，还支持 NSA 和 SA 架构。巴龙 5000 还可以配合麒麟 980 处理器，让华为手机无缝支持 5G 网络。与此同时，巴龙 5000 可以支持车联网、物联网、路由器等其他 5G 无线移动终端设备。

2.2 海思芯片

针对美国商务部工业和安全局（BIS）把华为列入"实体名单"，2019 年 5 月 17 日凌晨，华为旗下海思半导体总裁何庭波发布了一封致员工的内部信。

尊敬的海思全体同事们：

此刻，估计您已得知华为被列入美国商务部工业和安全局 (BIS) 的实体名单 (Entity List)。

多年前，还是云淡风轻的季节，公司做出了极限生存的假设，预计有一天，所有美国的先进芯片和技术将不可获得，而华为仍将持续为客户服务。为了这个以为永远不会发生的假设，数千海思儿女，走上了科技史上最为悲壮的长征，为公司的生存打造"备胎"。数千个日夜中，我们星夜兼程，艰苦前行。

华为的产品领域是如此广阔，所用技术与器件是如此多元，面对数以千计的科技难题，我们无数次失败过，困惑过，但是从来没有放弃过。

后来的年头里，当我们逐步走出迷茫，看到希望，又难免有一丝失落和不甘，担心许多芯片永远不会被启用，成为一直压在保密柜里面的备胎。

今天，命运的年轮转到这个极限而黑暗的时刻，超级大国毫不留情地中断全球合作的技术与产业体系，做出了最疯狂的决定，在毫无依据的条件下，把华为公司放入了实体名单。

今天，是历史的选择，所有我们曾经打造的备胎，一夜之间全部转"正"！多年心血，在一夜之间兑现为公司对客户持续服务的承诺。是的，这些努力，已经连成一片，挽狂澜于既倒，确保了公司大部分产品的战略安全，大部分产品的连续供应！今天，这个至暗的日子，是每一位海思的平凡儿女成为时代英雄的日子！

华为立志，将数字世界带给每个人、每个家庭、每个组织，构建万物互联的智能世界，我们仍将如此。今后，为实现这一理想，我们不仅要保持开放创新，更要实现科技自立！今后的路，不会再有另一个十年来打造备胎然后换胎了，缓冲区已经消失，每一个新产品一出生，将必须同步"科技自立"的方案。

前路更为艰辛，我们将以勇气、智慧和毅力，在极限施压下挺直脊梁，奋力前行！滔天巨浪方显英雄本色，艰难困苦铸造诺亚方舟。

何庭波

2019 年 5 月 17 日凌晨

2004 年，未雨绸缪的任正非做了一个富有远见的假设，如果在将来的某一天美国的一些大公司不再给华为提供芯片，那么华为将如何应对呢？

为了避免将来的被动，华为要自己研发芯片！这一年，华为成立了海思半导体有限公司，任正非把这个任务交给了具有丰富研发经验的何庭波工程师。正是十几年前具有预见性的决策，使华为走上了科技史上最为悲壮的长征。为公司的生存打造的"备胎"一夜转正，使华为渡过危机，在核心业务上继续保持了稳定的增长。

基站天罡芯片、巴龙基带芯片都源自华为旗下专注芯片研发的海思部门。在国内，能与国际顶级芯片比肩并大规模应用在中高端手机上的自主研发芯片只有华为海思芯片旗下的 7nm 制程麒麟 810、麒麟 980。

2019 年 9 月 6 日，华为发布的最新一代旗舰芯片麒麟 990 系列，集合了 103 亿个晶体管，融合了 5G 和 AI 的功能。

麒麟 990 首次实现了对 5G 基带芯片的集成，是全球首款全集成 5G SoC 芯片，避免了外挂 5G 基带所产生的高功耗。麒麟 990 不但支持 5G NSA/SA 制式和 TDD/FDD（2G、3G、4G) 全频段，充分应对不同网络、不同组网方式的需求，还取得了 5G 上行速率 1.25GB/s、下行速率 2.3GB/s 的成绩。

麒麟 990 采用达·芬奇 NPU 架构，创新设计 NPU 大核 NPU+ 微核架构。NPU 大核针对大算力场景需要，NPU 微核赋能超低功耗应用，充分发挥全新 NPU 架构的智慧算力。

麒麟 990 采用了台积电 7nm+EUV（极紫）制造工艺，板级面积降低 36%，晶体管密度提升 1.5 倍，成为世界上第一款集成超过 100 亿个晶体管的移动终端芯片，远超上一代 980 芯片 69 亿个晶体管的集成度规模。

在华为手机中，自主研发的芯片还有电源芯片、NPU、音频编解码芯片、视频编解码芯片、射频信号芯片等。

除此之外，华为海思芯片在其他很多领域也有广泛的应用，比如在摄像头、服务器（鲲鹏处理器）、路由器、电视、光通信、

5G、AI 等领域也拥有不错的市场地位及性能。

华为首发搭载鸿蒙 OS 系统的"荣耀"智慧屏电视产品就搭载了华为自主研发的"鸿鹄 818"电视芯片。在国内电视芯片市场上，相关数据显示，仅华为海思电视芯片就占到了 50% 以上的市场份额。

在人工智能领域，华为内部已确立了代号为"达芬奇"的项目（Project Da Vinci），其内容包括为数据中心开发新的华为 AI 昇腾芯片，支持云中的语音和图像识别等应用。"达·芬奇"项目旨在将 AI 带入华为所有的产品和服务中，建立数字图像、视频、语音、音频信号处理的人工智能平台。

经过多年努力，华为已经发布了多个核心系列的全场景芯片处理器，其中包括基站天罡芯片、巴龙基带芯片；路由器凌霄芯片系列，智慧电视鸿鹄芯片系列。未来华为还将推出一系列的处理器，面向更多的场景。

2.3　华为鸿蒙 OS 操作系统

2019 年 8 月 9 日，华为在东莞篮球中心正式向全球发布了全场景、分布式、面向 5G 时代万物互联的操作系统——鸿蒙 OS（Harmony OS），并且宣布鸿蒙系统将对全球开源。

华为开发的鸿蒙系统不是安卓系统的分支或修改版本，而是全球第一款基于 5G 万物互联构建的独立的操作系统；它是一种基于微内核的全场景分布式系统，具有分布架构、全场景、安全、天生流畅、生态互享等优势。

鸿蒙 OS 可打通智慧屏电视、手表、手环、AR/VR、音响、个人计算机、平板电脑、手机等很多终端，是一款可以给消费者带来跨终端无缝协同体验的统一操作系统，一次 App 开发可实现多端部署，最终实现跨终端生态应用共享；打造全场景智慧化时代的体验与生态，让万物互联。

鸿蒙 OS 率先应用在智能手表、智慧屏电视、车载设备、智能音箱等智能终端上，着力构建一个跨终端的融合共享生态，重塑安全可靠的运行环境，为消费者打造全场景智慧生活新体验。

华为消费者业务 CEO 余承东表示："我们要打造全球的操作系统，不仅仅是华为自己的，我们希望开源，让全球的开发者参与进来，打造下一代最领先的操作系统。"

鸿蒙 OS 作为华为迎接全场景体验时代到来的产物，将发挥其轻量化、小巧、功能强大的优势。

五星级安全、超短时延的分布式鸿蒙 OS 的设计初衷是为满足全场景智慧体验的高标准的连接要求，为此华为提出了具有四大技术特性的系统解决方案。

分布式架构首次用于终端 OS，带来跨终端无缝协同体验

分布式架构类似于模块化设计，在手机上用手机需要的系统架构，在电视上用电视需要的系统架构，在个人计算机上用其需要的系统架构，为不同的设备匹配不同的架构组件，让系统高效、简单，避免了系统臃肿，保证了流畅性。

鸿蒙 OS 的"分布式 OS 架构"和"分布式软总线技术"通过公共通信平台、分布式数据管理、分布式能力调度和虚拟外设四大能力，将相应的分布式应用的底层技术呈现出终端简洁性、便利性，使开发者能够聚焦自身业务逻辑，像开发同一终端一样开发跨终端分布式应用，也可使终端消费者感受到强大的跨终端业务协同能力，进而为各使用场景带来无缝协同体验。

确定时延引擎和高性能 IPC 技术，实现系统天生流畅

鸿蒙 OS 通过使用确定时延引擎和高性能 IPC 技术来解决现有系统性能不足的问题。确定时延引擎可在任务执行前分配系统中任务执行优先级及时限，以便调度处理，优先级高的任务将优先执行。这可以使应用响应时延降低 25.7%。鸿蒙微内核结构小巧的特性使 IPC（进程间通信）性能大幅提高，进程通

信效率较现有系统提升 5 倍。

基于微内核架构重塑终端设备，可信、安全

鸿蒙 OS 采用全新的微内核设计，拥有更强的安全特性和低时延等特点。微内核设计的基本思想是简化内核功能，在内核之外的用户态尽可能多地实现系统服务，同时加入相互之间的安全保护。微内核只提供最基础的服务，如多进程调度和多进程通信等。

鸿蒙 OS 将微内核技术应用于可信执行环境 (TEE)，通过形式化方法，重塑可信安全。形式化方法就是利用数学方法，从源头验证系统是否正确、有无漏洞的有效方法。传统验证方法（如功能验证、模拟攻击等）只能在选择的有限场景内进行验证，而形式化方法可通过数据模型来验证所有软件的运行路径。鸿蒙 OS 首次将形式化方法用于终端 TEE，可显著提升安全等级。同时，鸿蒙 OS 微内核的代码量只有 Linux 宏内核的千分之一，其受攻击的概率也会大幅降低。

通过统一 IDE 支撑一次开发、多端部署，实现跨终端生态共享

鸿蒙 OS 凭借多终端开发 IDE、多语言统一编译、分布式架构 Kit 提供屏幕布局控件及交互的自动适配，支持控件拖拽，

面向预览的可视化编程，从而使开发者可以基于同一工程高效构建多端自动运行 App，真正实现一次开发、多端部署，在跨设备之间实现共享生态。华为方舟编译器是首个取代安卓虚拟机模式的静态编译器，开发者在开发环境中可一次性将高级语言编译为机器码。此外，方舟编译器未来将支持多语言统一编译，可大幅提高开发效率。

鸿蒙操作系统的意义如下：随着数字电子化发展，人们使用的终端面临着简洁沟通问题。在 4G 时代，苹果、谷歌占据了手机操作系统大部分份额，而计算机操作系统依然是微软的天下。4G 时代的终端设备面临着互相沟通便利性的问题，5G 时代万物互联，更多设备接入互联网，需要一种操作系统来打通各个终端机，形成物联网体系，做到数据及信息的便利性、安全性及流畅性。而华为具备全球顶级的 5G 基础通信及手机终端、芯片设计等全面的系统集成经验，这为鸿蒙 OS 生态的构建提供了强有力的支持。

2019 年 8 月 10 日，在华为开发者大会的松湖对话环节，华为消费者 BG 软件部总裁王成录称，华为在和主要的合作伙伴讨论成立中国开源基金会，最快一两个月后，基金会将正式运营，这是完全公益性的、非营利性的、开放的组织。华为方面也解释道，鸿蒙 OS 开源系统有很多架构，考虑给基金会运作，华为对基金会没有控制权和主导权。

同时，华为鸿蒙 OS 较谷歌 Fuchsia OS 提前发布，谷歌正在开发面向 5G 时代的操作系统——Fuchsia。与华为一样，谷歌的目标是通过 Fuchsia 把整个物联网时代的生态统一到一个操作系统上，从智能手机到台式计算机、平板电脑、笔记本电脑，再到汽车、智能音箱、智能家居等，都可以用上 Fuchsia。谷歌旨在构建一个多层级的互联、智能的生态系统。

2.4　新联结、新电视，华为荣耀智慧屏

2019 年 8 月 10 日，华为发布荣耀智慧屏，这是全球首款搭载鸿蒙操作系统的智能电视，它拥有三个自研芯片——鸿鹄 818 智慧芯片、AI 摄像头的海思 NPU 芯片、旗舰手机级的 Wi-Fi 芯片。

用户可以像使用手机一样使用智慧屏，实现全语音操作、全场景互联，可实现与手机大小屏魔法互动，具有远程视频等功能。其内置的升降式 AI 摄像头会"思考"，需要它时，可以追踪人像；不需要它时，便不会来打扰。大小屏视频通话可无缝切换。

荣耀智慧屏未来将成为家庭信息共享中心、控制管理中心、多设备交互中心和影音娱乐中心。

在华为开发者大会期间，华为视频正式对外发布了全新的内容开放合作平台——百花号，它不仅是一个开放资源、共享渠道的合作平台，还是一个视频聚合、分发、交易、运营的商业平台，为合作伙伴提供分发渠道、营销推广、分销变现等服务。与百花号同时上线的还有华为视频全面升级的资源扶持和内容分成计划——竞芳计划。

2.5 方舟编译器

2009 年，华为启动 5G 基础技术研究的同时，开始创建编译组。2016 年，华为成立编译器与编程语言实验室。2019 年，方舟编译器正式问世。

一方面，方舟编译器解决了安卓操作系统 Java 虚拟机问题；另一方面，方舟编译器就像"万能翻译器"，可将 Java、C、C++ 等混合代码一次编译成机器码直接在手机上运行，彻底告别了 Java 的 JNI 额外开销，也彻底告别了虚拟机垃圾回收（GC）产生的应用进程掉线，使操作流畅度大幅提升。

未来，经过方舟编译器编辑的 App，不仅可以应用在安卓系统中，还可以用在 5G 时代的鸿蒙 OS 操作系统中，形成万物互联的全场景应用环境。

2.6 高斯数据库

软件领域的四个重要组成部分是编程语言、数据库、操作系统和编译器。

对个人来说，计算机、手机的应用，使很多人了解操作系统，但很少有人了解编译器、数据库，但对于互联网公司及重要行业来说，数据库既是软件行业皇冠上的明珠，又是软件行业中的"重工业"。

长期以来，全球及中国数据库市场基本上是甲骨文公司的天下。华为通过十年努力，900 多位数据库顶尖专家和人才持续投入，研发出了中国自己的世界级 Gauss DB（高斯）数据库。华为 Gauss DB 已被广泛应用于金融、安全等领域，全球累计交付数百个商用局点，其中在金融领域，已被应用于中国工商银行、招商银行、民生银行、中原银行、上海证券交易所、中国太保等 20 多家重量级企业客户，积累了丰富的数据库领域经验。

目前华为已有了方舟编译器、鸿蒙 OS、高斯数据库，华为自主研发的编程语言 CM 有可能在未来成熟的时候发布。

2.7 华为黑科技地图服务 Cyberverse

2019 年 8 月 11 日，继鸿蒙操作系统与荣耀智慧屏发布后，华为在松山湖欧洲小镇发布了地图服务——Cyberverse。这是一项基于华为地图信息、AR、结构光、ToF、5G 等技术的综合技术。项目负责人、华为 Fellow 罗巍，将其称为"地球级的数字新世界"。

该技术通过空间计算衔接用户、空间与数据，将为用户带来全新的交互模式与颠覆性的视觉体验。空间计算指的是无缝地混合数码世界和现实世界，让两个世界可以相互感知、理解。

该地图服务在宏观上用 GPS/ 北斗卫星信号定位，在室内及其他一些微观场所则可以运用结构光、ToF 及 SLAM 等技术来完成建模定位，再通过用户分享等方式，能达到厘米级的精度。但是这些数据的上传，需要经过用户的允许和认证才能进行，以充分保护用户的隐私。

华为 Cyberverse 将被应用在室外旅游景点、博物馆、智慧园区、机场、高铁站等地点，2019 年年底将在中国一线城市的 5 个地点开放测试版；到 2020 年第四季度末，会在 1000 个地点提供体验服务。

罗巍表示：华为研发 Cyberverse 这项技术，并不是要让别的 LBS（Location Based Services）公司没饭吃，而是希望打造一个全新的数字世界，让大家可以在这样一个平台上一起为消费者提供服务。地图只是这个数字世界基础的基础，能提供云管端的全面技术来支持 Cyberverse。同时，Cyberverse 技术中的 AR 部分是全面开放的，谷歌的 AR Core、苹果的 AR Kit 都可以接入，华为自家的 AR Engine 自然更没有问题。

2.8 华为计算与人工智能及云系统

5G、高速计算、人工智能（AI）是时代的变革者、驱动者、引领者。

2019 年 9 月 9 日，任正非接受《纽约时报》专栏作家、《世界是平的》一书作者托马斯·弗里德曼采访时被问道："随着摩尔定律趋近极限，华为要研究的下一个前沿领域是什么？是 6G 还是基础科学？您想要攀登的下一座大山是什么？"任正非的答案是："人工智能（AI）"。

此前，任正非在多次采访中，表达了华为要把人工智能当作下一座想要攀登的大山。

华为要打造一个人工智能平台，让全社会参与其中，使其广泛应用于生产、生活等社会全场景，并提高生产力。

5G 时代，华为要做一个连接和计算的全场景战略部署，配合人工智能广泛延伸。在未来的智能世界里，连接到哪里，计算就到哪里；哪里有计算，哪里就有连接。连接和计算缺一不可，这两大技术就像是一对孪生兄弟，相互促进，协同发展。

处理器是整个计算产业最基础的部分。经过多年的研发投入，华为已经发布了多个系列处理器，其中包括支持通用计算的鲲鹏系列、支持 AI 的昇腾系列、支持智能终端的麒麟系列，以及支持智慧屏的鸿鹄系列。

鲲鹏系列面向通用计算场景，昇腾系列面向 AI 场景，用这两个芯片系列来引领计算产业迈向智能和多样性计算时代。

华为利用鲲鹏计算平台、昇腾计算平台来进行计算战略布局。

▲基于鲲鹏计算平台，打造面向通用计算的 TaiShan 服务器产品，在大数据、分布式存储、ARM 原生等应用场景，为客户提供性能出众、能效更优、安全可靠的解决方案。

▲基于昇腾计算平台，打造面向 AI 计算的 Atlas 系列产品，在平台、架构、算法和应用软件等多个层次上与业界 ISV 深入合作，共同实现普惠 AI 的战略目标。

2018 年 10 月，在华为全连接大会上，华为公布了全栈全场景 AI 战略计划。全场景包括消费终端、公有云、私有云、边缘计算、IoT 行业终端五大类场景。

2019 年 9 月 18 日和 9 月 19 日，华为全连接大会上，华为基于"鲲鹏 + 昇腾"双引擎，全面启航计算战略，并通过硬件开放、软件开源、赋能合作伙伴三个层面，共同做大计算产业，与合作伙伴实现商业共赢。

华为智能计算新产品如下。

（1）鲲鹏服务器主板。

（2）鲲鹏台式机主板。

（3）开源服务器欧拉操作系统（Euler OS）、高斯数据库。

（4）鲲鹏开发套件，包括编译器、分析扫描工具、代码移植工具、性能优化工具。

（5）AI 训练卡 Atlas 300。

（6）AI 训练服务器 Atlas 800。

（7）69 款基于鲲鹏的云服务和 43 款基于昇腾的云服务，为云服务带来最强算力，让"云"无处不在，让智能无所不及。

华为推出智能计算新产品：鲲鹏服务器主板和鲲鹏台式机主板。

首先是鲲鹏服务器主板。鲲鹏服务器主板采用了多合一SoC、xPU 高速互联、100GE 高速 I/O 等技术。它不仅搭载了鲲鹏处理器，还内置了 BMC 芯片、BIOS 软件。华为将开放主板接口规范和设备管理规范，并提供整机参考设计指南，合作伙伴可以在鲲鹏服务器主板的基础上开发出自有品牌的服务器和台式机产品。

华为表示将支持合作伙伴发行基于开源服务器欧拉操作系统（Euler OS）的商业版，支持各行业主流应用和软件迁移到基于 openEuler 的操作系统上。

2019 年 5 月，华为正式发布了高斯数据库。该数据库具有 AI-Native 自调优能力，基于鲲鹏研发，能充分发挥鲲鹏的并行计算能力。其开源版本的名称为"open Gauss"，将于 2020 年 6 月全面上线，可覆盖 70% 以上的企业数据库业务场景。

华为在服务器领域，通过开放鲲鹏处理器、鲲鹏主板、开源服务器欧拉操作系统（Euler OS）、高斯数据库等，向合作伙伴提供基础服务，并宣布除非自有生态需要，否则会在适当时机退出服务器市场领域，让利于合作者，以更好地发展鲲鹏生态。

在服务器市场，英特尔作为传统 CPU 龙头品牌，占据服务器芯片市场 90% 以上的市场份额。华为通过开放与开源，建立服务器与计算机生态链条，打造基于 ARM 服务器生态体系的 Wintel。基于昇腾系列 AI 处理器，华为发布了全球算力最强的 Atlas 全系列产品，包括全球最快的 AI 训练集群 Atlas 900、智能小站 Atlas 500、AI 训练服务器 Atlas 800，以及 AI 推理和训练卡 Atlas 300，覆盖云、边、端全场景。AI 训练集群 Atlas 900 由数千个昇腾处理器组成，有很强的计算能力，可广泛应用于科学研究与商业创新，如天文探索、气象预测、自动驾驶、石油勘探等。

为了让各行各业获取超强算力，华为推出了 69 款基于鲲鹏的云服务和 43 款基于昇腾的 AI 云服务。其不仅可以用于云计算场景，还能够应用到终端、边缘计算场景中。

华为云服务可广泛用于 AI 推理、AI 训练、自动驾驶训练等场景。同时，华为正式宣布，为训练和推理提供强劲算力，并以极优惠的价格，向全球科研机构和大学开放。

华为 AI 首先被应用于自己的基站安装场景，原来一个基站安装完以后，人们一定要到现场才能验收。现在采用 AI 技术，人们不用去现场，效率提高了几千倍，甚至上万倍。在华为内部，华为财务每年有超过 500 万张单据用 AI 直接识别支付，比人工更准确、效率更高。

为打造未来基于 5G 的竞争力，华为把握核心技术，开放生态，并将搭建一套软硬结合的产品组合。

华为将从以下三方面加速建立生态：第一，未来五年，华为计划投入 15 亿美金用于发展产业生态系统。联合行业伙伴打造完整的产业生态链和具有竞争力的解决方案。未来五年，华为将联合各社区和高校培养 500 万名开发者，为计算产业注入活力。第二，华为聚焦处理器和软件、云平台的开发，推动各区域的伙伴根据自身特点打造本区域的鲲鹏产业。第三，华为联合绿色计算产业联盟、边缘计算产业联盟等，制订开放的软硬件标准体系。

华为已经在厦门、重庆、成都、深圳、上海、宁波、长沙七大城市建立鲲鹏生态中心。过去十年，华为在鲲鹏 CPU 芯片研发上已经投入 200 亿人民币，技术已可媲美英特尔公司的产品。比如，在 2019 年 9 月 10 日，华为在长沙建立了鲲鹏计算产业生态。根据协议，长沙业务将围绕鲲鹏计算产业生态，以及打造智能网联汽车产业生态这两项主要业务展开。智能网联方面，华为将在长沙打造智能网联汽车产业云，加强车路协同、物流、公共交通、市政环卫、自动泊车、出行服务等智能网联汽车应用场景的技术研发，通过与国产北斗卫星定位、高精地图、算法、传感、执行等领域的上下游产业链合作伙伴合作，打造全国领先、开放创新的智能网联汽车应用场景体系！

5G、人工智能 (AI)、高速计算是任正非认为下一次工业革命的三大基础。

中国科技部在 2019 世界人工智能大会上宣布，华为将承担建设基础软硬件国家新一代人工智能开放创新平台的任务。依托华为自主研发的芯片、板卡、基础算子库、基础框架软件，华为将进行全栈优化，并提供全流程的、开放的基础平台类服务，使云、边、端等各个场景、各个领域的应用创新，让各行各业、广大科研机构可以专注于自己的行业知识、研究领域，从而助力各行各业、广大科研机构构建自己的 AI 应用系统，加速普惠AI 落地。

2.9 5G 时代的华为生态

因为美国政府的限制，华为新款手机将面临不能使用谷歌应用"全家桶"的问题。华为确定在 2019 年 9 月 19 日发布的搭载麒麟 990、全球首款全集成 5G SoC 芯片的 Mate30 系列手机中不预装谷歌应用"全家桶"。这对国内市场来说，因为应用生态场景不同，华为手机的销售几乎不受影响，但这会影响华为手机在其他国家的销售，尤其是在高端手机需求比较大的欧洲国家，华为手机将面临销量下滑的问题。

此前谷歌基于免费安卓操作系统，通过与手机厂家合作，在手机上预装自己的搜索、地图、视频等应用，建立了庞大的生态体系，使客户形成了习惯性依赖。

对此，任正非在接受采访时表示，这在短期内会影响华为在海外市场上的销售，但在未来两三年内，华为会通过建立新的生态来解决该问题。

随着中美贸易摩擦的缓和，两国以后有可能继续按照原来的模式进行合作，互利共赢。如果美国继续封杀华为，无论对于互联网生态还是对美国及谷歌等公司来说，都是一把双刃剑，世界可能会演变出不同的技术路线标准。

对美国互联网公司来说，它们也将面临巨大考验。如果在未来几年内，互联网发展相对较缓慢的欧洲国家因此扶持欧洲互联网应用生态企业，那么无疑会让美国的互联网公司遭受重大损失。

同样，搭载鸿蒙操作系统的华为手机，如果在国内被大量使用，建立起打通手机、计算机、电视、车载设备的超级 5G 万物互联生态，那么对谷歌的生态也会造成重大打击。

2019 年 9 月 9 日，任正非接受了《纽约时报》专栏作家托马斯·弗里德曼的采访。

托马斯·弗里德曼认为，过去三十年，中美贸易中交易的多是一般商品，比如我们身上穿的衣服和脚上穿的鞋子。华为所代表的意义在于，中国向美国销售的 5G 技术已经不再是一般商品，而是"深层商品"。原来，美国向中国销售"深层技术"中国没有选择，因为只有美国拥有"深层技术"，现在中国也想把"深层技术"卖到美国市场。"深层技术"是先进的技术，美国还没有和中国建立起进行"深层贸易"所需的信任度。因为这个原因，在他看来，要么解决好华为的问题，要么全球化就会走向分裂。

为了平衡矛盾、平衡斗争，任正非认为，华为可以向美国企业转让 5G 所有的技术和工艺，帮助美国建立起 5G 产业，这样我们提供了一个 5G 的基础平台以后，美国企业可以在这个平台的基础上向 6G 方向奋斗。美国可以修改 5G 平台，从而获得自己的安全保障，这可以帮助美国节省 2400 亿美元的 5G 建网成本。跳过 5G，直接上 6G 是不会成功的，因为 6G 的毫米波发射范围太短，因此构建一个 6G 网很困难，而且应该是十年以后的事了。

华为硬件系统主要用于自己的产品，如果建立全场景生态体系，则需要连接社会各行业生态，需要部分硬件对外开放，让国内外各行业甚至竞争对手建立连接入口，如何通过开放的软件、硬件系统重新塑造底层生态是未来的重要考量。

2.10 华为发布面向 2025 十大趋势

2019 年 8 月 8 日，华为发布面向 2025 十大趋势，提出智能世界正在加速到来，触手可及。华为预测：到 2025 年，智能技术将渗透到每个人、每个家庭、每个组织，全球 58% 的人口将能享受 5G 网络，14% 的家庭会拥有"机器人管家"，97% 的大企业会采用人工智能。

华为基于对交通、零售、金融、制造、航空等 17 个重点行业的案例研究，结合定量数据预测，提出了面向 2025 十大趋势。

趋势一：是机器，更是家人

随着材料科学、感知人工智能，以及 5G、云等网络技术的不断进步，在家政、教育、健康服务业领域将出现护理机器人、仿生机器人、社交机器人、管家机器人等形态丰富的机器人，使人们的生活方式发生变革。

GIV 预测：2025 年，全球 14% 的家庭将拥有自己的机器人管家。

趋势二：超级视野

5G、AR/VR、机器学习等新技术能使我们获得超级视野，将帮助我们突破空间、时间的局限，见所未见，赋予人类新的能力。

GIV 预测：2025 年，采用 AR/VR 技术的企业将增长到 10%。

趋势三：零搜索

受益于人工智能及物联网技术，智能世界将简化搜索行为，带给人类更为便捷的生活体验：从过去的你找信息，到信息主动找你。未来，人们不再需要通过点击按钮来表达需求，桌椅、家电、汽车将与人们对话。

GIV 预测：2025 年，智能个人终端助理将覆盖 90% 的人口。

趋势四：懂"我"道路

智能交通系统将把行人、驾驶员、车辆和道路连接到统一的动态网络中，这样能更有效地规划道路资源，缩短应急响应时间，让零拥堵的交通、虚拟应急车道的规划成为可能。

GIV 预测：2025 年，C-V2X（Cellular Vehicle-to-Everything，蜂窝车联网技术）将嵌入到全球 15% 的车辆中。

趋势五：机器从事"三高"

自动化和机器人，特别是人工智能机器人，正在改变我们的生活和工作方式。它们可以从事高危险、高重复性和高精度（即"三高"）的工作，无须休息，也不会犯错，将极大提高生产力和安全性。如今，智能自动化在建筑业、制造业、医疗健康等领域中被广泛应用。

GIV 预测：2025 年，每万名制造业员工将与 103 个机器人共同工作。

趋势六：人机协创

人工智能、云计算等技术的融合应用，将大大促进未来创新型社会的发展：试错型创新的成本得以降低，原创、求真的职业精神得以保障，人类的作品也会因得到机器辅助而丰富。

GIV 预测：2025 年，97% 的大企业将采用人工智能。

趋势七：无摩擦沟通

随着人工智能、大数据分析的应用与发展，企业与客户的沟通、跨语种的沟通都将变得无摩擦。因为精准的信息传达，会使人与人之间更容易沟通、彼此信任。

GIV 预测：2025 年，企业的数据利用率将达到 86%。

趋势八：共生经济

数字技术与智能能力会逐渐以平台模式被世界各行各业广泛应用，无论身在何处、语言是否相通、文化是否相似，各国企业都有机会在开放合作中共享全球生态资源，共创高价值的智能商业模式。

GIV 预测：2025 年，全球所有企业都将使用云技术，而基于云技术应用的使用率将达到 85%。

趋势九：5G，加速而来

大带宽、低时延、广连接的需求正在驱动 5G 加速商用，5G 技术将渗透到各行各业，并比我们想象中的更快到来。

GIV 预测：2025 年，全球将部署 650 万个 5G 基站，服务 28 亿用户，58% 的人口将会享受到 5G 服务。

趋势十：全球数字治理

触及智能世界后，人们遇到了新的阻力和挑战。华为呼吁全球企业应该加快建立统一的数据标准、数据使用原则，鼓励推动建设第三方数据监管机构，让隐私、安全有法可依。

GIV 预测：2025 年，全球年存储数据量将高达 180ZB。

华为全球 ICT 基础设施业务首席营销官张宏喜表示："人类的探索永不止步，从地球到太空要飞得更高，从过去到未来要看得更远，从创新到创造要想得更深。今天，以人工智能、5G、云计算为主导的第四次工业革命所带来的改变，正在改变各行各业，推进智能世界加速到来。华为致力于构建无处不在的连接，普惠无所不及的智能，打造个性化体验和数字平台，让每个人、每个家庭、每个组织都能从中受益，让智能世界触手可及。"

华为发布的十大趋势中，与本书的几部分类同："趋势三：零搜索"与第 3 章中的超级账户理念类似，"趋势八：共生经济"与第三部分中的 AI 复合体经济理念相符，"趋势十：全球数字治理"与第四部分的资料重合。

作者早在华为趋势发表之前就已经将这些内容写完，这些研究涉及更深层次的系统问题，恰恰说明了本书的价值。

第 3 章　超级账户、
超级个人 App、超级财富

3.1　互联网及 App 对个人隐私的侵犯

2019 年 3 月 15 日，全国人民关注的央视"315 晚会"上曝光了多个行业存在的违规问题，如医疗垃圾、辣条生产卫生问题、造假土鸡蛋、不卫生的卫生用品、家电售后的欺骗等，其中产业链庞大的智能机器人骚扰电话令人触目惊心。

我们每天接到的各种各样的推销电话可能不是真人，而是智能机器人打来的。央视曝光了多家企业，整个产业链条包括智能机器人骚扰电话 + 大数据营销 + 探针盒子。智能机器人为一家公司服务一年能够呼叫出 40 多亿次电话。

人工智能骚扰电话：一些公司利用外呼机器人来拨打电话，

代替之前传统的人工外呼打电话的营销方法。此前人工呼叫一天只能打300～500个电话，而这些机器人一天最多可以打5000个电话。这种人工智能骚扰电话目前已受到贷款、房地产、收藏品、金融、整形等行业的营销公司的欢迎。

AI技术的发展，令很多人无法分辨这些智能机器人与真人之间的区别，甚至有些公司还配备了录影棚模仿多种人的声音，来提高AI骚扰电话的模仿能力。

2018年7月，工信部十三部门印发"综合整治骚扰电话专项行动方案"的通知，开始重点整治这些商业营销类、恶意骚扰类和违法犯罪类骚扰电话。但为了逃避监管，一些机器人研发公司采用了一种名叫"硬件透传"的技术，使得个人接到骚扰电话后无法查询到真实的电话号码，让监管部门也无法查询到电话来源。

窃取信息的"探针盒子"：央视曝光了一种隐蔽性非常强的探针盒子的装备，它被安装在商场、超市、办公楼、便利店等公共场所。当个人手机的无线局域网处于打开状态时，手机会向周围发送信号，这个信号一旦被探针盒子发现，探针盒子就能迅速识别并采集用户手机的WLAN MAC（无线局域网）地址，再将其转换为手机号码，与大数据相互"匹配"，最终可以获取手机用户的个人信息。这是骚扰电话的重要来源之一。

App 窃听：据《电脑报》刊载的消息，2019 年 3 月 24 日，在 2019 中国发展高层论坛上，北京大学教授何帆表示，无论是中国企业还是民众，对全球化和科技发展都很乐观。他称："中国的消费者在拥抱高科技的时候是毫不畏惧的，很多时候中国的消费者不太在意隐私权。"

近日，网络尖刀团队自编程序证实安卓手机锁屏后，App 仍可实现"监听"。该团队表示，做这个程序就用了几小时，基础研发人员都能做出来。关于关闭 App、说方言的避免"监听"方法，他表示都是有办法解决的，"比如，识别四川话、广东话等主流方言和识别普通话相比，门槛并没有变多高"。2019 年 3 月 18 日，IT 之家报道了几起 App 窃听真实事件。例如，2018 年 11 月中旬，上海的孙女士在和同事闲聊时提到想喝某种奶茶，在打开某饮食类 App 时，在推荐商家的首位看见了这种品牌的奶茶。让孙女士疑惑的是，自己之前从未在该 App 上买过奶茶，此前也没有使用任何手机 App 搜索过这种奶茶的相关信息，只是她的手机后台，同时打开了多个知名的 App。

在知乎上搜索"App 窃听"关键词，会出现一大批相似问题。

App 过度获取个人信息：大部分 App（包括知名互联网公司的 App），都在获得个人数据，并依靠数据盈利（下图）：

需要以下权限，您是否允许？	需要以下权限，您是否允许？
存储	**麦克风**
·读取存储卡中的内容	·录制音频
·修改或删除存储卡中的内容	**通讯录**
电话	·查找设备上的账号
·获取设备识别码和状态	·读取联系人
·拨打电话	**信息**
位置信息	·接收短信
·访问大致位置信息（使用网络进行定位）	**日历**
·访问确切位置信息（使用 GPS 和网络进行定位）	·读取日历
	·新建／修改／删除日历
相机	**其他权限**
·拍摄照片和录制视频	
您可以在系统"设置"中停用这些权限。	您可以在系统"设置"中停用这些权限。
取消　　　　允许	取消　　　　允许

　　微信朋友"书香"认为，现在一些 App 捆绑开通的功能确实太多了，安装时一不小心就中招。有时若不想同意开通这类捆绑功能，还不让安装使用。最常见的就是要求访问个人通讯录、通话记录、短信、位置等，甚至聊天记录。如果这些功能都被允许了，个人的隐私保护几乎就形同虚设。对这些恶意 App，需要加大处罚力度，以达到威慑作用。

　　除了个人隐私侵犯问题，现在用户还面临 App 越来越多的问题，每个人平均安装几十个 App，这已经扰乱了人们正常获取信息及服务的方式。而超级账户、个人超级 App，就是要改变这种信息获取传统，保护个人隐私及数据安全。在未来，App

与互联网要向产品与服务质量提升的方向转型。

3.2 5G 时代价值连城的个人 App——超级账户

随着 5G 时代的到来，可连接的设备越来越多，互联网场景越来越多，若想解决个人隐私、安装几十个 App、频繁的 App 注册问题，就需要有基于个人的 App——超级账户。

这个 App 系统账户以个人为中心，而不依赖中心化的网站，这个账户允许人们通过手机、电子戒指（可穿戴的电子戒指）、手表、眼镜、指纹、人脸识别、身份证等唤醒自己互联网云中的 App，这样就可以走遍全国，甚至畅行世界，并确保个人隐私的安全。

超级账户 App 是以个人为中心的信息安全策略，包含金融、购物、就业、隐私等。其不再允许互联网公司轻易获得个人权限，以保障个人信息安全。超级账户 App 属于个人拥有全部权益的超级 App，是可以结合芯片与操作系统的 App。超级账户以个人为互联网权益单位，是自己获得权益的平台，也是其他互联网服务公司及生活、工作场景的一个接口。

到目前为止，几乎所有的互联网企业都是基于互联网提供的技术或者平台为客户提供服务的。搜索、社交、电商、支付等领域的互联网平台，这些平台以自己为中心，一方面通过向大众提供免费或激励服务吸引流量，另一方面通过使用客户流量发布广告赚取利润，所以即使已经花钱购买服务的客户也避免不了被广告骚扰。

受商业利益驱动的互联网公司，在利用优势为自己赚取大量利润的同时，也提供了一些优质产品及服务。受利益驱动，互联网公司更愿意用惊奇的方式吸引人们的关注，让更多夹着广告的信息而不是优质信息展现在人们的面前。因此，信息也变得失真。由于移动互联网的便利性及不同互联网 App 对个人隐私权利的过度索取，人们需要频繁注册信息，所以个人隐私已经无法受到良好的保护，甚至被大量出卖，这严重危害了个人财务及人身安全。

互联网媒体让传统媒体痛苦不堪，而亚马逊、京东、淘宝这样的购物平台也让传统超市及商场面临困境。

同时，自动化、智能化机器的使用让工厂中的工人越来越少，在互联网等高科技企业中新人成长速度快，中年技术员工的学习进步速度跟不上技术更新迭代的速度，将会对中年技术员工将造成很大压力。另外，资源越来越向少数企业集中，人们一边欣喜地迎接新技术带来的便利，一边面临就业与生活的不确定性，这让很多人焦虑不安。

而超级账户的另一个重要作用是，它是人们获取资金、信用、就业、生活、消费、医疗、住房、学习、发布知识产权获取报酬等的依据，甚至从出生到养老，超级账户将陪伴一个人的一生。

在 5G 时代，互联网信息资源在大部分地区是无所不在的资源，超级账户可以利用硬件与软件结合，或者利用纯硬件、纯软件、其他技术，将其建立在手机、智能手表、智能手环、卡片、计算机或者云分布上。

简洁是超级账户的主要特征：在 4G 时代以前，手机是主要的通信交流工具。互联网购物、移动支付、移动出行等给人们带来了生活上的便利，同时移动互联网副作用也给人们带来了烦恼，众多的 App、信息泄露、各种广告轰炸、虚假信息、朋友圈微商刷屏，以及其他的无效信息，甚至有害信息也进入视野。

所有这些现象的发生，都是因为互联网工具从属于互联网公司，大部分互联网公司免费为人们提供信息，而它们需要广告、流量等的支持。

超级账户是基于个人信息建立的平台，是基于硬件、软件（或其他技术）的属于个人的私有领地。

基于个人账户的互联网时代，是属于真正以个人信息为核心的时代。人们与信任的公司合作，在自己的账户上创建展示自己才华的信息，然后在与自己合作的互联网公司平台上（如微博、微信、百度）自动发布信息，互联网公司会自动把个人发布的信息的收益汇集到个人的账户上，用户不需要重复注册。每个人的账户只有一个，互联网公司会根据每个人的接口信息，赋予其喜欢的昵称，在允许范围之内行事。

同时，人们订阅的个人专栏信息，个人的兴趣爱好信息，学习、技能培训信息，也会按其要求汇集到个人的视窗范围及个人服务云端或者服务器上，并得到安全保障。

超级账号除了具备以上功能外，还应该能提供更多帮助。如果一个人，前提是他不是一个懒惰的人，没必要为购物消费、医疗，住房、孩子教育、养老、就业等问题担心，他的账户外围有几层为他服务的公司，他的就业、住房、消费都有这些公司提供优化组合，双方彼此信任，另外，因为这是更好的利于社会发展的互联网经济模式，政府可以通过协调这种模式链条，造福社会。

以个人超级账户为基础的互联网将重新塑造互联网商业生态，延展到更广阔的现实生活与社会领域中。

人们利用个人超级账户App可实现万物互联，人们可以将家中的智能音响、电视、冰箱等唤醒，也可以通过手机、计算机、智能汽车或者其他无所不在的智能设备进入自己的App系统。

3.3 万维网之父宣示要颠覆自己开创的互联网世界

据《麻省理工科技评论》刊载的消息：2019 年 1 月 19 日，全球新兴科技峰会上，曾经参与早期互联网协议与通信模式制订，被誉为"互联网之母"的戴尔易安信研究员拉迪亚·珀尔曼（Radia Perlman）呼吁："我们不应该过于看重如何使用技术，而是应该从解决什么问题出发，不要陷入技术狂热。在网站上注册账号时，每个人都会被要求填写密码，不同网站有不同的密码设定规则，还有不同的安全问题，是谁想出来的这些问题？"

珀尔曼认为，基于安全问题的用户身份验证机制虽然简单，看起来符合直觉，但事实上并不适用于每一个人，而是被强加于用户身上的。

万维网之父、麻省理工学院教授蒂姆·伯纳斯 – 李（Tim Berners–Lee）在全球新兴科技峰会上发表演讲时指出：互联网已经丧失最初的精神，长尾效应已经失效。少数的公司已经占据了大部分互联网市场份额，现在许多大型社交网站决定了用户能看到什么，甚至决定了他们怎么思考、怎么行动。很多虚假新闻故意操控人们的思维，唤醒大众的负面情绪，从而操纵民意。为此，伯纳斯 – 李教授推出开源、去中心的 Solid 平台，宣示要颠覆自己开创的互联网世界。

会后，伯纳斯 - 李教授接受了《深度科技》的独家专访，他进一步指出：脸书用户数据泄露事件后，突然间人们真正意识到了数据隐私问题的严重性，并开始体会到掌控个人数据的重要性。

而他所提出的解决方案——Solid，本质上是一个个人数据存储系统 Solid POD，用户可以将在网上产生的数据储存在自己的 Solid POD 中，而不是互联网公司的服务器上。这样的话，联系人、照片和评论等数据由个人掌握，用户可以随时新增或删除数据，授予或取消授予他人读取或写入数据的权利。这样一来，用户不再需要以牺牲个人隐私、数据自主权的方式来交换互联网公司提供的免费服务。

用户可以将 Solid POD 数据储存在自家的计算机上或者 Solid POD 服务供应商那里。每个人或者公司都可以通过 Solid 的开源接口，成为 Solid POD 服务供应商，伯纳斯 - 李教授为此自己创办了一个 Inrupt 公司来推动这样的服务市场建设。伯纳斯 - 李教授进一步解释道，Solid 系统大体的原则就是：有不同的数据，放在不同的地方，可以连接任何 App。但是任何 App 都应该和任何的途径相兼容，这就是 Solid 的一个协议。这个协议是不能变的，但要实现并不困难，任何开发者随时都可以做。

当开发者开发自己的 App 时，编程所使用的是全球通用的 Solid API，它是一个标准化的东西。只要 API 兼容，那么开发者在打造应用时就会有信心预测有成百上千个人在等着使用他的 App。因为所有的东西都是兼容的，而且采用的是一致的标准。

对于 Solid 是否最后会形成中心化的垄断，形成中心化的头部效应，让去中心化理想迅速变质，伯纳斯 - 李教授也表示担忧。他认为政府可以协调这些问题，如欧盟推动的 GDPR 便是一个例子。他也特别提到，英国已经通过 Open Banking 政策，强制要求大型金融机构开放数据，开放 API，让使用者拥有数据自主权，也可以供其他外部第三方开发更多应用时使用，以为个人提供更好的服务。

伯纳斯 - 李教授与我的理念相同，几年前我就在微信群里与一些朋友探索并思考该问题，今年（2019 年）看到伯纳斯 - 李教授这种理念时我已经写完了超级账户的相关内容。当时不急于发表，或者没有出版，是因为我希望能有大公司看中该创意。一个企业实施某个战略布局，可能意味着几十亿、几百亿的增值，正如我十几年前提出的互联网超市线上线下结合、电子支付。每个人的能力总是有限的，我自己无法实现这些目标，当然我希望这些创意获得知识产权的尊重与保护。

3.4　鸿蒙 OS 与华为芯片对于超级账户的意义

华为鸿蒙系统是一种面向 5G 时代、跨平台、微内核、分布架构、全场景的操作系统，结合华为安全芯片，可以打造基于个人 App 的超级账户系统。

在安全设置方面，以华为 2019 年 2 月 24 日在西班牙巴塞罗那召开的新品发布会上推出的 5G 手机 Mate X 为例，用户身份信息将以加密形式发送，让用户身份信息更加安全，防止用户身份信息及通信内容被篡改。

华为最新发布的华为 Mate20、P30 系列手机已经具备了如下功能。

华为芯片安全系统：华为 Mate20、P30 系列手机中使用的华为麒麟芯片集成了安全单元，用来存储用户的原始指纹数据，并且所有指纹和指纹比对全部放在芯片的 Trust Zone 中完成，做到了"芯中有盾，用得放心"，微信、支付宝及华为自身的任何应用都无法获取用户原始指纹生物识别信息。此外，相比于独立的安全芯片，华为麒麟芯片的安全单元即使遭遇暴力拆解，也无法恢复其安全单元里的生物识别信息，这保证了移动支付及其系统的安全性。

密码保险箱：为了应对用户在网站、App 上设置的密码太多记不住，每次登录麻烦的问题，华为 Mate 20 系列手机的"密码保险箱"可为用户保存各个应用的不同密码。密码保存在"密码保险箱"中后，你只需要使用锁屏密码、指纹或者进行人脸识别验证，便可成功登录应用。

而且，所有应用账户和密码都只存储在手机上，不会上传到任何云端。

手机就是电子身份证：华为手机还有一个强大的功能，就是可以当电子身份证。2018 年 8 月，华为与政府联合签发的网络电子身份标识（eID），以密码技术为基础，以智能安全芯片为载体，在安全与不泄露隐私的前提下，能够实现远程识别身份信息。

eID 具有唯一性，手机丢失后，可以登录云空间进行 eID 的删除；另外，在新手机上开通 eID 后，旧的将即刻失效，无法被冒用。

华为钱包：2019 年 9 月 26 日，华为在国内正式发布 Mate 30 系列手机，并宣布华为钱包 App 同步上线自动选卡功能。用户可通过使用华为钱包自动选卡功能，将银行卡、交通卡、门钥匙、eID（电子身份标识）等添加到华为钱包中。

在熄屏状态下，无论是乘地铁、公交，开小区门禁、酒店房间，还是刷公司工卡等，人们都只需把手机贴到刷卡设备上，即可自动完成刷卡，无须每次手动切换。与此同时，华为手机仍可以做到熄屏状态下按指纹直接进入银行卡支付界面。

金融级安全支付：麒麟 980 是目前仅有的一款通过全球统一金融支付标准 EMVCo 认证的芯片，支持中国、欧洲国家、美国、日本等国的金融级支付体系，如大家熟知的央行、银联、VISA、MasterCard 和北美的 Discover、American Express，以及日本的 JCB。

支付保护中心：华为支付保护中心能够自动检测华为手机中可能存在的支付风险，并且给涉及"钱"的支付 App（如微信、支付宝、银行 App 等）都加上一个"盾"，就像守护金库一样守护你的钱。

个人隐私保护：华为 Mate 20 系列的"应用锁"会为涉及个人隐私的应用加一把锁。每个人的手机里总有几款涉及隐私的应用，如微信、相册、备忘录，应用"应用锁"后，别人无法开启，而用户自己可以通过密码、指纹、人脸识别等方式解锁打开。

华为手机就是车钥匙：华为 P30 系列与 20 多个国家的超过 7 款奥迪车合作，推出手机车钥匙功能。轻松一刷，手机也可打开车门、发动汽车引擎和锁车，非常方便！华为 P30 系列手机的车钥匙功能，将密钥和算法逻辑保存在手机芯片中，不会被任何第三方应用（包括华为自身的应用）访问，更不会被复制或暴力破解！其安全性通过了 CC&EMVCo 的安全认证！

独家防伪基站：华为麒麟芯片做到了业界独家芯片级防伪基站，从通信最底层判断基站真伪，将伪基站危害的可能性从源头处切断。针对新型伪基站，华为 P30、Mate 20 等系列手机，通过麒麟 980 芯片对 2G、4G 伪基站进行芯片级防控的同时，结合 AI 技术，将伪基站的防控提升到智能级别。

相对来说，华为的操作系统及芯片等技术使建立个人超级App 具备了技术基础，如何连接及应用，发挥真正的集合效应将成为关键。

据《中国电子报》刊载的消息：2019 年 3 月 29 日，中国联通联合京东等产业链头部厂商在北京举行了"中国联通 eSIM 可穿戴设备独立号码业务全国开通服务试验暨联通京东联合首销启动仪式"，正式宣布将 eSIM 可穿戴设备独立号码业务从试点拓展至全国。中国联通此举，为整个 eSIM 生态链吹响了实现大规模全国普遍应用的冲锋号。据咨询机构的相关数据，2018年可穿戴产品的出货量为 1.2 亿台，到 2022 年全球将达到 1.9亿台。目前 eSIM 卡的出货量也在加速递增，预计 2020 年将达到 2 亿张，智能手环、智能服饰、智能耳机等产品都可以成为独立入网的设备。

eSIM 卡又称嵌入式 SIM 卡，与传统的手机卡的区别在于 SIM 卡直接嵌入设备芯片中，不再作为独立的插入式物理 SIM 卡。

相比于传统的 SIM 卡，嵌入式 SIM 卡可以使智能手机、计算机、可穿戴、VR、AR 等设备的使用者或物联网、自动驾驶技术的使用者，避免局限在一家运营商的服务中。其可以实现立即切换至其他服务网络，且无须更换 SIM 卡。

eSIM 卡的出现意味着浏览网页、观看视频、拨打电话等不再是手机及计算机的专属功能，将会有更多的可穿戴智能设备来满足此类需求。随着物联智能设备等实现功能独立，其可为用户提供更好的专属功能服务，用户不换号就可自由切换运营商也指日可待。

eSIM 卡的主要优势如下。

（1）不占空间。手机一般要留有卡槽的设计空间，而 eSIM 卡被嵌入到设备芯片中。对于手环、智能手表、微观智能电气设备等来说，应用 eSIM 卡能够节省更多的空间，让产品外形设计可以有更大的发挥空间。

（2）eSIM 卡与芯片一体化，能够耐高温、防尘、抗震，可以适应更恶劣的环境，适应更广泛的应用场景。

（3）灵活性。eSIM 卡可以灵活地选择运营商网络，通过云服务及远程下载方式动态写入用户签约信息，可以实现产品销售后的用户自主激活。

（4）eSIM 卡基于安全域的体系架构及 PKI 安全基础设施的引入，提供了更强的安全性。

早在2018年，中国移动、中国联通、中国电信已经开始为全面启动eSIM做准备。未来已来，万物互联的时代已经到来。

可以想象，未来结合鸿蒙 OS 跨平台一体化操作系统、芯片安全系统、eSIM、万物互联的新一代 IPv6 独立 IP 网址系统，将使建立安全、灵活、以个人为中心的 App 账户系统成为可能。其也会驱动芯片的发展，使软件在互联网领域发挥更人的作用，而个人 App 系统将重塑互联网生态，从而诞生更多的财富机遇。

3.5 超级账户的超级财富效应

在万物互联时代，以人为本的驱动力才是万物互联的核心。超级账户可以把手机，计算机，多个智能穿戴设备，个人知识产权，个人股权，个人金融系统，微观数字货币发行机制及个人就业、消费、住房、医疗、教育、养老等纳入一个简单的体系中。

应用个人超级账户建立的体系，面向全球多元化场景，简洁而便利的生活，会塑造新的财富效应，建立在超级账户体系基础之上的新互联网服务生态，会促使一个超级大的新市场形成。

在万物互联时代，在保证个人数据集隐私安全的前提下，无论是手机、智能穿戴、计算机，还是全球任何互联网设备，人们只需要一个简单的账户。但这个账户并不仅仅固定在手机、穿戴设备，或者计算机系统中，超级账户代表了个人的数据、支付、信任体系，生活领域中几乎所有场景及面向全球的保障体系。而无论信息储存在什么地方，人们需要的是简洁、合理隐私，信任机制、安全、便利，还有生活场景的丰富多彩。

应用超级账户个人 App 系统打造的超级个人 App，并不是简单的 App，在底层需要有华为安全芯片那样的底层硬件及加密支持，在硬件之上有操作系统支持，然后才是 App 软件支持，这样的体系能够很好地保护个人隐私。随着欧盟数据法的颁布及美国对网络巨头涉嫌侵犯个人隐私及垄断的调查，国际化发展趋势是，出于对个人隐私、安全、个人数据的保护，这种超级个人 App 有可能也有必要成为一种国际标准，成为包括手机在内的智能设备的一种标准，无论在苹果手机、亚马逊商店、腾讯、京东、阿里巴巴、谷歌安卓操作系统及搜索商店系统，还是在其他 App 系统及网站、实体工商业中，任何个人都有自由选择的空间，并可以建立以个人为核心的超级 App 使用功能组合，个人可以选择喜欢的公司来为自己提供服务。

超级个人 App 空间可以根据个人喜好设计简洁有效的功能及画面，可以实现定制与互动。比如，个人喜好某位明星的歌曲，或者某种风格的音乐，抑或加入了音乐社区或创作音乐的平台，那么个人可以在超级个人 App 空间中设置功能，搜索或者关注这类消息，甚至直接参与到社区活动中。当然，其创作的歌词或者制作的音乐完全可以通过流量获得报酬。

有时候我们可能比较喜欢一些电影或者电视剧，传统方式是到腾讯视频、爱奇艺这样的视频网站或 App 上购买服务或者会员，而未来通过超级个人 App 可以在自己的手机、计算机或电视上看到喜欢的电影、电视剧。这样一来，你只需为购买单一服务掏钱，而没必要包月，背后是与个人对接的互联网服务公司做批量处理。当然，你如果感觉不合适，也可以按传统方式直接到爱奇艺、腾讯视频等 App 上购买服务。

如果你喜欢服装设计、VR/AR 创作、机械发明，或者对电子产品有兴趣，那么通过超级个人 App，你的作品会对接专业的服务公司，感兴趣的服务公司会制造出产品，让你获得报酬。像小说、图片、评论文章或者专业分析可以通过达成某种协议自动发布到各个对接的网站、社区上。超级个人 App 可以个性化分级设置页面功能，也可以分化出几个个性化的 App 来应对不同问题及应用；超级个人 App 有独特隐私保护系统，但可以通过专业的互联网公司来进行进一步的安全维护。其可以对个人资料进行分级，将其分为图片、视频、文章等，分别对应互联网公司入口。当然，身份证、位置等敏感信息，对于大部分 App 来说是没必要对接的。超级个人 App 系统链接个人需要的 App 应用程序及朋友的 App 或者感兴趣的个人 App 系统。人们打开手机，就是一个简洁的个人 App 界面。除了少数重要的功能强大的 App，人们不必单独下载 App。其他公司及个人开发的 App，可以建立自己的互联生态，人们的手机不再面对多种 App。

　　超级个人 App 可以进行分级管理，用户可通过超级个人 App 链接购物、社交、搜索、金融等平台。根据个人偏好，人们可以实名，也可以非实名。超级个人 App 对隐私也可以进行分级管理。个人数据可以储存在手机、计算机、家庭储存设备上，也可由专业的云服务或者数据管理公司储存，当然也可以储存在链接平台上。

　　未来的互联网世界将会被重新塑造，超级账户下的个人 App 系统将使互联网生态由平台驱动向围绕以个人超级 App 为中心转变，新的移动互联网应用将更有利于保护个人隐私，对骚扰信息进行拦截。为个人服务的互联网公司将会精心打造产品，依靠严肃的信任机制让互联网真正服务于个人。

　　超级个人 App 与新的协议让个人能够掌握自己在互联网上的信息，能够对信息进行删除或修改。对于个人作品等，个人可以做到一键授权对接互联网平台。对于非核心数据信息，即使储存在互联网公司的服务器上，个人也可以删除或者修改。

　　现在已经出现个人助理性质的 AI 语言智能音响系统，个人账户信息安全储存问题涉及公共问题，会有多种、多层级的解决渠道，但所有解决问题的方式都应该做到安全、简单、方便。这些涉及到芯片、操作系统、软件加密等技术。个人信息可以同时由几个专门提供安全及储存服务的公司来管理，这些公司将受到有效的监督。这些公司储存同样的信息，解决了个人信息拷贝问题。

　　2019 年 4 月 1 日，互联网岳麓峰会上，关于 App 过多的问题，华为轮值董事长徐直军认为："在未来，应该改变各个应用相互割裂的使用方式，改变不断地在各个 App 之间跳转的状态，应该变成'以人为中心'和'以场景为中心'的体验，而不是今天'以 App 为中心'的体验。实现这种体验的基础是人工智能技术。用人工智能技术精准地预测出用户的需求和场景，各种应用 API 能够'随时随地、基于用户场景，进行自动化编排'，自动化地创造出'场景下的全流程业务'。也就是说，应用是随时诞生的，是动态的，不是一个固定的 App。比如，用户的一次旅行，就是一个场景，不需要在各种 App 之间跳来跳去。"

　　在信息化社会，只要智能设备布局到的地方，人们甚至无须携带个人设备，就能做到生活便利化。超级账户的意义在于，对于复杂的信息社会，每个人可以充分享受个人信息，对外关系将简单化。但无论科技如何发达，简洁、便利、安全的服务人们才会喜欢。超级个人 App 账户系统将会产生一次以互联网企业为中心向以个人为中心的转变，甚至会影响整个世界的互联网生态。

第二部分

5G 时代的数字化金融

第4章　世界数字货币计划

2019年2月21日，中国人民银行2019年全国货币金银工作会议在厦门召开。会议指出，2019年要深入推进央行数字货币研发。2019年6月18日，全球知名社交互联网公司脸书（Facebook）推出数字货币计划，引发全球瞩目。在未来的5G时代，数字化金融不仅会重塑金融体系，而且对农业、工业、股权市场都会产生重要的影响。2019年8月10日，在第三届中国金融四十人伊春论坛上，中国人民银行支付结算司副司长穆长春介绍了央行法定数字货币的实践DC/EP（DC，Digital Currency，数字货币；EP，Electronic Payment，电子支付）。

4.1 脸书数字货币

北京时间2019年6月18日下午，在全球拥有约27亿用户的社交巨头脸书在其官方网站上正式发布了加密数字货币Libra（天秤座）白皮书，这是脸书基于区块链技术的项目。项目一发布就引起了全球持续不断的争议。

根据白皮书内容，Libra（天秤币）的使命是建立一套简单、便利、无国界的数字货币，及一套为数十亿人转账、支付服务的金融基础工程。

此项目一经公布，就遭到了大量批评及质疑，主要涉及隐私、安全、主权货币等方面的担忧。当地时间2019年7月16日和7月17日，美国国会两院特意安排了两天的听证会，来应对脸书Libra数字货币项目的影响。

Libra加密货币的联合创始人大卫·马库斯2019年7月17日对美国众议院金融服务委员会成员表示，直到得到相关监管机构的批准，脸书才会实施其货币项目。但他们不会同意一些资深国会议员的要求，停止这个项目，或是在一个有限的范围内进行试点。

原本将听证会视为"分析、解释"Libra好机会的加密货币联合创始人大卫·马库斯，却遭到了来自议员潮水般的质疑。但他还是表示Libra是一种介于比特币（Bitcoin）和贝宝（PayPal）之间、具有颠覆性意义的数字货币。虽然功能相似，但Libra与贝宝及其他竞争对手不同的是，它主要针对没有银行账户的用户。

综合脸书此前透露的信息及脸书联合创始人大卫·马库斯在听证会上的言论，可知脸书数字货币Libra具有以下特点。

全球化布局：脸书的Libra协会总部将设在瑞士的日内瓦，由瑞士金融市场监督管理局管辖。脸书已与Visa、万事达（Mastercard）等多家金融公司及Spotify和优步（Uber）等在线公司结成合作伙伴，成立一个总部位于瑞士的协会，以监督这一新金融工具的开发。脸书数字货币项目负责人马库斯称，他们已与瑞士方面进行了初步探讨，并准备就管理模式展开磋商。他说，Libra协会最终会获得瑞士方面的运营许可，并准备以货币服务业的名义在美国财政部金融犯罪执法网络中登记。

Libra与比特币、传统货币的区别：Libra采用全球一篮子信用货币的方式为其背书，并不具有投机性，会保持一个稳定的价格，故Libra又被称为"稳定币"，由美元、英镑、欧元和日元等主权货币存款支持。

脸书倡导的数字货币项目，最终目标是要建立一个基于数字货币的金融系统，除发行数字化本币Libra外，还将设立储备央行和独立的监管机构。马库斯说，Libra与现行的数字货币不同，没有相对于任何单一的现实货币的固定价值，其价值是经由储备央行以一对一的方式来体现的。储备央行则将以诸如现金银行存款和高流动性的短期政府债券等安全资产的形式，持有一系列的货币，包括美元、英镑、欧元和日元。

Libra区块链和储备央行将由一个被称为Libra协会的独立机构来管理，而最初参与该计划的团体将成为协会的"创始成员"。马库斯说，目前，该协会共有28个成员，包括万事达、亿贝、威士、优步等，并计划在正式启动时增加到近100个。

他说，Libra协会将通过Libra协会理事会对区块链进行管理，每个成员都将在理事会中拥有代表。为确保成员的多样性，协会将尽可能地消除金融障碍，使更多的非营利、多边组织和大学等都能够加入进来。

马库斯称，Libra是一种支付工具，而不是一种投资，人们不能像股票或债券那样来进行购买和持有，也不能用来支付工资或等待增值。它只是一种"类似现金"，可用于向在其他国家的家人汇款或者进行采购。

马库斯同时表示，Libra储备央行的货币取决于相关国家的货币政策。Libra协会只负责管理储备央行，无意与任何主权货币竞争，或者涉足货币政策领域。

支付便捷：Libra将通过一个名为"Calibra"的电子钱包应用获得。之后用户就可以通过这个应用（或支持这个应用的脸书公司旗下的其他即时通信软件，如Messenger、WhatsApp）来与世界上任何一个角落的人用Libra进行交易，甚至不再需要银行了。数字钱包可开拓在区块链上的业务，让其用户可以向几乎所有智能手机用户发送Libra，正如发短信一样，而且费用很低。

接受监督：马库斯强调，Libra协会将遵守银行保密法等法律，以保护消费者的隐私和个人信息的安全。他说，Libra区块链的隐私规定将与现有区块链服务一样，只显示接发者的公开地址、转账数额和时间，不会显示任何其他信息，也不会单独保留任何个人的数据，因此不会用个人数据来牟利。

延伸商业：Libra区块链是一个开源的生态系统，各地的商家和开发商都可以自由地在其平台上创立自己的竞争性服务。在2019年7月16日参议院银行委员会的听证会上，负责这一项目的脸书高管大卫·马库斯表示，Libra是一种可以在全球使用的数字货币，使人们在相互传递信息、视频和图像时，可以轻松地传递价值。

反对及担忧如下。

参考消息网于2019年7月18日报道，美媒称特朗普政府于2019年7月15日表示强烈反对脸书新数字货币计划。美国财政部部长史蒂文·姆努钦警告说，这种新数字货币可能被用于洗钱、贩卖人口和资助恐怖主义等非法活动。

特朗普推文称："我不是比特币和其他加密货币的粉丝。它们不是钱，价值波动很大且毫无根基。不受监管的加密资产会助长非法行为，包括毒品交易和其他非法活动。"

特朗普说，如果脸书及其数十家伙伴企业想涉足金融业务，它们将不得不像银行那样接受严格监管。

2019年7月15日，美国财政部长姆努钦在召开记者会时也曾说，财政部对脸书计划发行加密货币Libra深表担忧，因为加密货币可能被洗钱者和恐怖主义活动资助者利用。而在日前召开的七国集团财长和央行行长会议上，七国财长在数字货币问题上"就迅速采取行动的必要性达成了很大共识"。

美联储主席鲍威尔也警告称，脸书的项目"引发了许多严重关切"，其中包括隐私、洗钱、消费者保护和金融稳定等。他说，美联储和美国财政部的金融稳定监督委员会也在关注Libra，在发行之前，还需要对这些问题进行"彻底和耐心"的评估。

美国众议院金融服务委员会主席玛克辛·沃特斯等民主党

人呼吁脸书暂时搁置此项目。

当地时间2019年6月24日，路透社报道称，代表各国央行合作的国际金融机构——国际清算银行（Bank for International Settlements）23日表示，虽然银行并不会很快被挤出市场，但政界人士仍需迅速协调监管部门，以应对脸书等科技公司进军金融业带来的新风险。国际清算银行在其年度经济报告中发表了一章关于"大型科技公司在金融领域"的内容，重点关注了社交媒体、搜索引擎和电子商务公司所持有的海量数据。

报告称，目前，传统银行在支付领域面临着来自金融科技公司的外部竞争。而很多小银行，没有谷歌、阿里巴巴、亚马逊、苹果和易贝（eBay）等公司所掌握的深度数据。与通常依赖信用评分的银行相比，这些深度数据令金融科技公司拥有更为直接的优势。

报告指出，大量的消费者行为和偏好数据，能够更详细地描绘出一个人的信用状况，因而科技企业进入金融业后，可能会迅速使金融领域发生变化。

对于脸书推出了自己的Libra加密货币，国际清算银行表示，在掌握了大量个人数据后，大型科技公司的上述举措可能会破坏金融的稳定。

一些专家认为，大型科技公司提供金融服务，会带来潜在的数据隐私和竞争问题。所有这些领域都有自己的监管机构，彼此之间需要协调，Libra的流通基于区块链的清算网络，不使用银行之间的清算网络，因此，Libra和所有加密货币的流通，不受银行之间的网络的限制。

来自欧洲的不同声音：2019年8月26日左右，在美国杰克逊霍尔举行的全球央行行长年度研讨会上，英国央行行长卡尼发表讲话称，美元的世界储备货币地位必须终结，类似于脸书加密货币Libra那样的某种形式全球数字货币会是更好的选择。那会比让其他主权国家的货币取代美元的结局好。

据彭博新闻社的报道，卡尼称："长期来看，我们需要改变格局，改变到来的时候，不该由一种货币霸权取代另一种。"可能最适合由公共部门通过一个央行数字货币网络，提供一种新的"合成的霸权货币"（SHC）。"即使事实证明，这个理念的初始变体是稀缺的（指一开始只有少数人了解），它也会吸引人。一种SHC可能抑制美元对全球贸易的影响力。"

欧洲央行认为Libra稳定币没做大规模测试，将带来严重风险。

出于对货币主权的担忧，欧盟实力较强的两个国家德国、法国对于Libra保持谨慎态度，甚至反对。德国财政部长与法国财政部长于2019年9月13日在芬兰首都赫尔辛基发表联合声明，重申货币主权重要性，两国认为Libra加密货币计划会危害其货币主权，反对脸书公司计划发行的加密数字货币Libra在欧洲推行，欧盟应该推出自己的数字货币，以应对脸书加密货币Libra计划。

脸书数字货币的未来影响如下。

（1）数字银行体系。脸书的Libra加密货币，基于区块链技术，拥有全球27亿用户，强大的信用背书、以美元、欧元等背书及众多合作伙伴，令其成为真正意义上的基于互联网技术的数字银行系统，其可以延伸到结算、支付等领域。

（2）产生信用。一旦产生稳定的影响及受到众多公司的支持，Libra加密货币形成的体系就会产生巨大的信用价值，而信用是世界各国货币诞生的主要依据。

（3）无国界货币。注册地址在瑞士，拥有超越美元影响力的布局，未来的信用将超越中小国家的货币信用，一些中小国家可能会与脸书Libra这样的超级互联网公司合作发行货币。

如果说比特币是基于技术的一代数字货币，依赖计算机计算能力，目前具备一定的类似邮票的收藏炒作及全球隐蔽转移财富功能，那么脸书Libra加密货币是以现实美元、欧元等背书的稳定币，在产生信用与信任机制的同时，可应用在支付领域，并会在脸书涉及的联合发起公司内产生广泛影响。脸书面向的市场为公开市场，透明且接受监督，并能延伸到传统货币所涉及范围。很显然，脸书Libra加密货币更具有传统货币的信用性，更具备数字货币时代的便利性。

4.2 中国央行数字货币计划

央行数字货币是基于国家信用，由央行发行的法定数字货币，与比特币等"虚拟货币"有着本质的区别。

中国央行数字货币呼之欲出。2019年8月10日，在第三届中国金融四十人伊春论坛上，中国人民银行支付结算司副司长穆长春介绍了央行法定数字货币的实践DC/EP（DC，Digital Currency，数字货币；EP，Electronic Payment，电子支付）。

双层结构

据穆长春介绍，从2014年开始到2019年，央行数字货币DC/EP的研究已经进行了五年。

央行数字货币DC/EP采取的是双层运营体系。单层运营体系是指人民银行直接向公众发行数字货币。而人民银行先把数字货币兑换给银行或者其他运营机构，再由这些机构兑换给公众，这就属于双层运营体系。

采取双层运营体系基于以下几点考虑。

第一，中国是一个复杂的经济体，幅员辽阔，人口众多，各地的经济发展、资源多少、人口教育程度，以及对于智能终端的接受程度，都是不一样的。在这样的经济体中发行法定数字货币是一个复杂的系统性工程。如果采用单层运营体系，意味着央行要独自面对所有公众。这会给央行带来极大的挑战。从提升可得性，增强公众使用意愿的角度出发，我们认为应该采取双层运营体系来应对这种困难。

第二，人民银行决定采取双层架构，也是为了充分发挥商业机构的资源、人才和技术优势，促进创新，竞争选优。商业机构的IT基础设施和服务体系比较成熟，系统的处理能力比较强，在金融科技运用方面已经积累了一定的经验，人才储备也比较充分，所以，在商业银行现有的基础设施、人力资源和服务体系之外另起炉灶是巨大的资源浪费。央行和商业银行等机构可以进行密切合作，不预设技术路线，充分调动市场力量，通过竞争实现系统优化，共同开发，共同运行。Libra的组织架构和DC/EP当年所采取的组织架构实际上是一样的。

第三，双层运营体系有助于化解风险，避免风险过度集中。人民银行已经开发运营了很多支付清算体系、支付系统，包括大小额、银联网联，但是我们原来所做的清算体系都是面向金融机构的，而发行央行数字货币，要直接面对公众。这就涉及千家万户，仅靠央行自身力量研发并支撑如此庞大的系统，而且要满足高效、稳定、安全的需求，提升客户体验，是非常不容易的。所以从这个角度来讲，无论是出于技术路线选择，还是操作风险、商业风险规避，我们通过运用双层运营体系都可以避免风险过度集中到单一机构上。

第四，如果我们使用单层运营体系，则会导致金融脱媒。单层投放框架下，央行直接面向公众投放数字货币。央行数字货币和商业银行存款货币相比，前者在央行信用背书情况下，竞争力优于商业银行存款货币，会对商业银行存款产生挤出效应，影响商业银行贷款投放能力，增加商业银行对同业市场的依赖。这会抬高资金价格，增加社会融资成本，损害实体经济，届时央行将不得不对商业银行进行补贴，极端情况下甚至可能颠覆现有金融体系，回到1984年之前央行"大一统"的格局。

总结下来，央行做上层，商业银行做第二层，这种双重投放体系适合我国的国情，既能利用现有资源调动商业银行的积极性，又能顺利提升数字货币的接受程度。

双层运营体系不会改变流通中货币的债权债务关系。为了保证央行数字货币不超发，商业机构向央行全额、100%缴纳准备金，央行的数字货币依然是央行负债，由央行信用担保，具有无限法偿性。另外，双层运营体系不会改变现有货币投放体系和二元账户结构，不会对商业银行存款货币构成竞争。由于不影响现有货币政策传导机制，也不会强化压力环境下的顺周期效应，故数字货币不会对实体经济产生负面影响。

另外，采取双层运营体系发放、兑换央行法定数字货币，有利于抑制公众对于加密资产的需求，巩固我们的国家货币主权。

关于"双离线支付"——便利性及匿名交易，在《Libra与数字货币》的公开课中，穆长春举例称，到地下的超市买东西，手机没有信号，微信、支付宝都用不了，又或者乘坐廉价航空公司的航班需要付费吃饭，未来在这些场景下可以用央行的数字货币支付。更极端的情况是大地震，通信都断了，电子支付当然也不行了，那个时候只剩下两种可能，一种是纸钞，另一种就是央行的数字货币。它（央行的数字货币）不需要网络就能支付，我们叫作"双离线支付"，指收支双方都离线也能进行支付。只要手机有电，哪怕整个网络都断了也可以实现支付。

手机上安装有央行DC/EP的数字钱包时，如果手机没有信号，那么不需要网络，两个手机碰一碰，就能实现转账，即使是Libra也无法做到这一点，穆长春表示。此外，中国版数字货币不需要绑定任何银行账户，摆脱了传统银行账户体系的控制。

同时，DC/EP的推出也考虑到了居民消费的隐私权。穆长春表示，公众有匿名支付的需求，但如今的支付工具都跟传统银行账户体系紧紧绑定，满足不了消费者的匿名支付需求，也不可能完全取代现钞支付。而央行数字货币能够解决这些问题，它既能保持现钞的属性和主要价值特征，又能满足便携和匿名的诉求。

穆长春近日在谈到法定数字货币如何保证"三反"（即反洗钱、反逃税、反恐怖融资）时表示，这些工作都可以用大数据的方式解决。也就是说，虽然普通的交易是匿名的，但是如果我们用大数据识别出一些行为特征，那么还是可以锁定这个人的真实身份的。

井通科技CEO和MOAC区块链联合创始人周沙表示，现钞的管理有三个特点：一是匿名性，二是保护用户隐私，三是不需要第三方验证。央行数字货币是对现钞的替代，也将会体现上述特点。"以匿名性为例，我去早餐摊买东西，用支付宝支付，因为是实名账户，我的信息都留下了。但如果用现金支付，老板收到我的钱，但并不知道我是谁。"周沙表示，央行数字货币应该会符合现金的匿名性等特点，但与此同时要保证"三反"。

世界银行首席信息安全构架师张志军表示，电子支付在中国已经很普遍，但是用户的隐私目前没有得到保护。央行的数字货币如果能保护使用者的隐私，那么在日常的小额付款这个应用领域会成为很多人的首选。

保持竞争，技术保持中立

在技术路线方面，央行不预设技术路线，保持央行技术中立性。我们从来没有预设过技术路线，从央行角度看，无论是区块链还是集中账户体系，无论是电子支付还是移动货币，任何一种技术路线，央行都可以适应。但技术路线要符合央行的门槛，比如，针对零售，至少要满足高并发需求，至少达到30万笔/秒。如果只能达到脸书Libra的标准，则只能国际汇兑。像比特币一样做一笔交易需要等40分钟，不符合场景要求。从央行角度看，采取什么技术路线都可以，不一定是区块链，可以称之为长期演进技术（Long Term Evolution）。

另外，双层运营体系有利于充分调动市场力量，通过竞争实现系统优化。目前央行采取的策略是几家指定运营机构采取不同的技术路线做DC/EP的研发，谁的路线好，谁最终会被老百姓接受、被市场接受，谁就会最终跑赢比赛，所以这是市场竞争选优的过程。

坚持央行主导下的中心化管理

在双层运营体系下，要坚持中心化的管理模式。加密资产的自然属性就是去中心化。而DC/EP一定要坚持中心化的管理模式，为什么？

第一，央行数字货币仍然是央行对社会公众的负债。这种债权债务关系并没有随着货币形态的变化而改变。因此，仍然要保证央行在投放过程中的中心地位。

第二，为了保证并加强央行的宏观审慎和货币调控职能，需要继续坚持中心化的管理模式。

第三，指定运营机构来进行货币的兑换，要进行中心化的管理，避免指定运营机构货币超发。

第四，在整个兑换过程中，没有改变二元账户体系，所以应该保持原有的货币政策传导方式，这也需要保持央行中心化管理的地位。

央行中心化管理与移动支付工具是不同的。从宏观经济角度看，应用电子支付工具进行资金转移必须通过传统银行账户才能完成，采取的是账户紧耦合的方式。而对于央行数字货币，央行采取的是账户松耦合的方式，即脱离传统银行账户实现价值转移，使交易环节对账户依赖程度大大降低。这样，央行数字货币既可以像现金一样易于流通，有利于人民币的流通和国际化，又可以实现可控匿名，央行要在保证交易双方匿名的同时保证"三反"，在两者之间取得一个平衡。

现阶段的央行数字货币设计，注重M0替代，而不是M1、M2的替代。这是因为M1、M2现在已经实现了电子化、数字化，本来就是基于现有的商业银行账户体系，所以没有再用数字货币进行数字化的必要。另外，支持M1和M2流转的银行间支付清算系统、商业银行行内系统及非银行支付机构的各类网络支付手段等日益高效，能够满足我国经济发展的需要，所以，用央行数字货币再去做一次M1、M2的替代，无助于提高支付效率，且会对现有的系统和资源造成巨大浪费。相比之下，现有的M0（纸钞和硬币）容易匿名伪造，存在用于洗钱、恐怖融资等风险。另外，电子支付工具，如银行卡和互联网支付，基于现有银行账户紧耦合的模式，公众对匿名支付的需求不能完全得到满足，所以电子支付工具无法完全替代M0。特别是在账户服务和通信网络覆盖不佳的地区，民众对于现钞的依赖程度还是比较高的。所以央行DC/EP的设计，既保持了现钞的属性和主要特征，又满足了便携和匿名的需求，是替代现钞比较好的工具。

虽然Libra也是用所谓的100%的储备资产做抵押，但是它并没有把自己限定在M0范围内，因而有可能会出现Libra进入信贷市场引发货币派生和货币乘数，进而出现货币超发的情况。

央行数字货币是对M0进行替代，所以对于现钞是不计付利息的，不会引发金融脱媒，也不会对现有的实体经济产生大的冲击。因为央行数字货币应该遵守现行的所有关于现钞管理和反洗钱、反恐怖融资等规定，就央行数字货币大额及可疑交易向人民银行报告。

央行数字货币必须有高扩展、高并发的性能，它被高频用于小额零售业务场景。为了引导央行数字货币用于小额零售场景，不对存款产生挤出效应，避免套利和压力环境下的顺周期效应，央行可以根据不同级别的钱包来设定交易限额和余额限额。除此之外，可以加一些兑换的成本和摩擦，以避免在压力环境下出现顺周期的情况。如果需要，央行数字货币还可以为央行实施负利率提供条件。

对于智能合约，穆长春认为央行数字货币是可以加载智能合约的。需要强调的是，央行数字货币依然是具有无限法偿特性的货币，是对M0的替代。它所具有的货币职能（交易媒介、价值储藏、计账单位）决定了其如果加载了超出其货币职能的智能合约，就会使其退化成有价票证，降低可使用程度，这会对人民币国际化产生不利影响。因此，我们会加载有利于货币职能的智能合约，对于超过货币职能的智能合约会保持比较审慎的态度。

2019年8月18日，《中共中央国务院关于支持深圳建设中国特色社会主义先行示范区的意见》发布。其中提及：要打造数字经济创新发展试验区；支持在深圳开展数字货币研究与移动支付等创新应用；促进与港澳金融市场互联互通和金融（基金）产品互认；在推进人民币国际化上先行先试，探索创新跨境金融监管。

2019年8月20日，据《中国日报》刊载的消息，一些政府官员和专家表示，中国正在测试推出中国首款央行数字货币(CBDC)的多种方式，他们预计私人机构将更多地参与创造政府支持的货币。基于一些领域正在进行的试验，引入CBDC的时机已经成熟。但与中国央行关系密切的专家于2019年8月19日表示，脸书公布其数字货币Libra可能会促使中国监管机构重新考虑CBDC的可能模式。专家们预测，如果一切顺利，中国政府支持的数字货币可能会比Libra的官方发布时间早。

2019年8月22日，央行发布消息，近日中国人民银行印发

《金融科技（FinTech）发展规划（2019—2021年）》（以下简称《规划》），明确提出未来三年金融科技工作的指导思想、基本原则、发展目标、重点任务和保障措施。

《规划》指出，金融科技是技术驱动的金融创新。金融业要以习近平新时代中国特色社会主义思想为指导，全面贯彻党的十九大精神，按照全国金融工作会议要求，秉持"守正创新、安全可控、普惠民生、开放共赢"的基本原则，充分发挥金融科技赋能作用，推动我国金融业高质量发展。

《规划》提出，到2021年，建立健全我国金融科技发展的"四梁八柱"，进一步增强金融业科技应用能力，实现金融与科技深度融合、协调发展，明显增强人民群众对数字化、网络化、智能化金融产品和服务的满意度，推动我国金融科技发展居于国际领先水平，实现金融科技应用先进可控、金融服务能力稳步增强、金融风控水平明显提高、金融监管效能持续提升、金融科技支撑不断完善、金融科技产业繁荣发展。

《规划》确定了六个方面的重点任务。一是加强金融科技战略部署，从长远视角加强顶层设计，把握金融科技发展态势，做好统筹规划、体制机制优化、人才队伍建设等工作。二是强化金融科技合理应用，以重点突破带动全局发展，规范关键共性技术的选型、能力建设、应用场景及安全管控，全面提升金融科技应用水平，将金融科技打造成为金融高质量发展的"新引擎"。三是赋能金融服务提质增效，合理运用金融科技手段丰富服务渠道、完善产品供给、降低服务成本、优化融资服务，提升金融服务质量与效率，使金融科技创新成果更好地惠及百姓民生，推动实体经济健康可持续发展。四是增强金融风险技防能力，正确处理安全与发展的关系，运用金融科技提升跨市场、跨业态、跨区域金融风险的识别、预警和处置能力，加强网络安全风险管控和金融信息保护，做好新技术应用风险防范，坚决守住不发生系统性金融风险的底线。五是强化金融科技监管，建立健全监管基本规则体系，加快推进监管基本规则拟订、监测分析和评估工作，探索金融科技创新管理机制，服务金融业综合统计，增强金融监管的专业性、统一性和穿透性。六是夯实金融科技基础支撑，持续完善金融科技产业生态，优化产业治理体系，从技术攻关、法规建设、信用服务、标准规范、消费者保护等方面支撑金融科技健康有序发展。

央行数字货币的战略意义如下。

（1）激活经济。5G时代，数字货币、数字化金融将深度打通各个领域，并形成全场景数字信息。而金融作为经济的主要参与者，数字化将为经济注入活力，激发微观经济发展，提高金融效率及覆盖率。

（2）解决区域发展不平衡问题。在数字经济时代，依靠万物数字化网络，金融科技把数字货币融合到各行各业、不同区域，可以从不同角度激活宏观与微观经济，解决行业与区域发展不平衡等问题。

（3）支付的便利与隐私。没有网络也可以支付，一碰就能转账，未来还可以向电子戒指、电子手表等设备植中入钱包系统，产生形式更丰富的便利交易。

（4）中国拥有丰富的移动支付经验。中国拥有全世界最丰富的移动支付场景，以及广阔的区块链应用场景。京东、阿里巴巴等发达的电商企业，各个银行，以及支付宝、微信两大移动支付系统都具有丰富的移动支付经验。

这对于未来央行的数字货币发行具有基础技术支持作用，能够将新技术与已有技术作为依据。

（5）主动应对国际趋势。脸书Libra数字货币由美元、英镑、欧元和日元等主权货币存款支持，人民币不在其中。如果数字货币成为国际主流，则会对人民币国际化具有一定的影响。如果中国央行自己主导数字货币国际化，对于中国来说则将会抓住人民币国际化的良机。同时，除了中国之外，世界上的很多国家都在投入精力研发央行数字货币发行问题。

（6）数字化金融科技的主导权。数字货币结合5G互联网、数字金融、数字经济场景，可以向世界输出更丰富的数字科技场景，比如对外援助、建立平等货币伙伴关系等。

第5章 区块链与数字化货币

5.1 数字化货币原理可能最早诞生于中国

2017年比特币开始大涨，很多公司开始加入比特币技术区块链的研究之中，但保持神秘的比特币创始人"中本聪"究竟是谁，至今还是个谜。

关于比特币，我们搜索到的所有的公开资料信息是如下。

2008年11月，一个名为"中本聪"的人发表了一篇关于比特币的论文，出现在互联网某个加密邮件组中，论文中提到了一个全新的完全网络化的货币体系。

2009年1月，"中本聪"为这个体系建立了一个开放源代码项目，比特币就此诞生。

随着比特币大涨，区块链进入大众视野，2010年后"中本聪"逐渐销声匿迹。

外媒曾经披露"中本聪"是一名日裔美国人，但当时"中本聪"曾经出面澄清，自己并非比特币的创始人。

后来媒体报道，"中本聪"很有可能是自称"全球变暖怀疑论者、连续创业者、怪人"的澳大利亚商人（同时也是密码学家）克雷格·史蒂芬·怀特（Craig Steven Wright）。开始时怀特爆料自己就是"中本聪"，后来因受到质疑等，暂时放弃承认自己是"中本聪"。

计算机科学家特德·尼尔森（Ted Nelson）认为日本数学家望月新一是"中本聪"，理由是望月新一足够聪明，其研究领域也涵盖了比特币所使用的数学算法。更重要的是，"望月新一不适用常规的学术发表机制，而且习惯独自工作"。后来，望月新一本人对此进行了否认。

2013年12月，博主"Skye Grey"通过对"中本聪"论文进行计量文体学分析得出结论，认为乔治·华盛顿大学前教授尼克·萨博（Nick Szabo）是"中本聪"。萨博提倡去中心化货币，被认为是比特币的先驱，他也是个著名的喜欢使用化名的人。可是，萨博是这么说的："在我认识的人里面，对这个想法（去中心化货币）感兴趣的只有三个人，可是后来'中本聪'出现了。"

　　此外，芬兰经济社会学家Vili Lehdonvirta，爱尔兰密码学研究生Michael Clear，德国及美国研究人员Neal King、Vladimir Oksman和Charles Bry，比特币基金会首席科学家Gavin Andresen，比特币交易平台Mt. Gox创始人Jed McCaleb，以及美国企业家及安全研究员Dustin D. Trammell，都曾被怀疑是"中本聪"。

　　更有甚者，认为"中本聪"（Satochi Nakamoto）的名字实际上是四家公司名字的组合，包括三星（Samsung）、东芝（Toshiba）、中道（Nakamichi）和摩托罗拉（Motorola），暗示着比特币其实是这四家公司联手开发并以"中本聪"的化名来发表的。

　　俄罗斯卫星网援引加密货币专业媒体Cryptocoins News的报道发布消息：SpaceX前实习生萨希尔·古普塔称，他的前东家马斯克就是比特币的创始人"中本聪"。

　　古普塔介绍称，马斯克很懂得创建比特币过程中使用的C++语言。此外，马斯克向来"酷爱解决全球问题"。比特币作为一种分布式货币体系，正好诞生于2008年世界金融危机期间。而且SpaceX所有者对比特币完全保持沉默，从不评论任何有关它的新闻。

　　这篇报道刊发之后，舆论一片哗然！

随后，马斯克本人在推特上做出回应："这并不是真的，虽然他的朋友曾送给他一些比特币，但他已经不知道把它们放到哪里了。"

自此之后，比特币之父"中本聪"的真实身份再次成谜。

但这份资料提供了另一条线索。

我在 2007 年 8 月 2 日曾写过一篇有关电子货币流转码的文章，内容如下（为规范语言，内容略有改动）。

（1）合理性经济流动。对于现代经济来说，制造业提供的就业机会越来越少，智能化、自动化程度提高，越来越多的资源被少数企业垄断；同时，在商品及价值流通环节，原料加工、人力成本越来越高，利润越来越透明，这会造成经济畸形与分配不平等。一个正常的社会，需要合理的经济流动秩序，以保证人们的就业需求和生活需求。合理分配权益，社会才能获得长远、健康发展。

（2）电子货币流转码。对于现代人来说，电子货币并不陌生，我们的信用卡等已经能够代表货币进行流通了。人们把电子货币以一元或者十元、百元、千元为单位，像发行普通纸币那样以电子货币状态发行，其每流转一次，就被记录一次，被附加的记录符号叫作流转码。它的概念得到强化的目的在于，跟踪美元货币的真实流向，比如信用卡、网络银行中的美元。

其规则如下。

第一，电子货币，每流通一次就有一种记忆标识，这就是流转码。比如，货币从甲流通到乙，再流通到丙，每流通一次，货币单位就会拥有流通单位的特定码，这个特定码就叫流转码。对于丙来说，可以通过每单元的货币单位（流转码），看到他（她）的货币（无论是1元、10元，还是100元、1000元）是从哪里流通过来的。

第二，国家根据宏观及微观政策需要，在弄清货币流动可靠程度的同时，向货币流通中的各个环节，如公司或者个人，根据其需要及贡献等，按照比例给予货币奖励，以达到及时调节、引导社会正常经济秩序的目的。

将带有流转码的电子货币换成现金，必须由国家特定职能部门按规定办理。

这里涉及一个概念：全信息经济学。全信息经济学是指社会中的经济行为都是可以通过数字及其他形式清晰表达出来的，是能够有秩序地被管理或者控制的。

上文是我于2007年在博客上发表的一篇文章中的内容，现在看就像区块链与比特币的原型，到现在依然领先于互联网概念。

核心关键：电子信息货币=比特币，记录性+流转码=分布式账簿+密码算法=区块链，合并与分解性，货币奖励等。

总结：很明显，这篇博文发表于2007年8月2日，最早揭示了比特币初级原理。

至于"中本聪"、比特币与这篇文章的关联，目前仍无从判断。

知乎作者陈浩写的《区块链以及区块链技术总结》一文中提到了如下内容。

区块链虽然是一个新兴的概念，但它依赖的技术一点也不新，如非对称加密技术、P2P网络协议等，好比乐高积木，积木块是有限的，但是不同组合能产生非常有意思的事物。

我接触过一些工程师，他们初次接触区块链时，不约而同地说道：都是成熟的技术，不就是分布式存储嘛。站在工程师的角度，第一反应将这种新概念映射到自己的知识框架中，是非常自然的。但是细究之后会发现，这种片面的理解可能会将对区块链的理解带入一个误区，那就是作为一名技术人员，忽略了区块链的经济学特性——一个权力分散且完全自治的系统。

区块链本质上是一个基于P2P的价值传输协议，我们不能只看到P2P，而看不到价值传输。同样地，我们也不能只看到价值传输，而看不到区块链的底层技术。

可以这么说，区块链更像是一门交叉学科，结合了P2P网络技术、非对称加密技术、宏观经济学、经济学博弈等知识，构建了一个新领域——针对价值互联网的探索。

　　作者不懂计算机，但知道这需要计算机技术。如果当初一名聪明的程序员、密码专家、数学高手、极客看到这篇文章，创造出这种技术应该只是时间问题。但作者认为，创造一种未有的技术并不是一件容易的事情，这种记录式账本电子货币作者研究了多年，才提出一个初级模型，更何况实现技术。

　　虽然"中本聪"与作者博文中的文章关联性非常弱，但无疑这是目前最早的比特币初级原理。

　　加州大学洛杉矶分校的金融学教授Bhagwan Chowdhry在《赫芬顿邮报（Huffinton Post）》上撰文表示，已经提名"中本聪"为2016年诺贝尔奖经济学奖的候选人，然而时至今日，世界上却没有人能够找到他。

　　当然，我们看到的阿里巴巴利用区块链提出的金融流转概念、腾讯区块链发票（正向收税与税收补贴）、脸书的数字货币（全信息经济学）及一些其他领域的应用都是作者2007年这篇文章的延伸。

5.2　区块链与可信任的基础

　　比特币用区块链技术实现。区块链技术是利用块链式数据结构来验证与存储数据，利用分布式节点共识算法来生成和更新数据，利用密码学的方式保证数据传输和访问的安全，利用由自动化脚本代码组成的智能合约来编程和操作数据的一种全新的分布式基础架构与计算范式。

区块链的主要特点是分布式储存，不可篡改，交易记录公开。

区块链就像人们常用的作业本，每个区块就像作业本中从小到大、按照页数编码的纸。

每个区块是一个数据储存单元，储存了人们的交易记录、工作内容及因工作量诞生的激励机制，如货币。每个区块单元都拥有自己的独特数字地址，按照生成的时间顺序把这些区块链接起来，即构成区块链。区块链可以构成几百万、几千万以上的区块链接。

区块链就像互联网计算机参与的各方（可称为"矿工"）共同按照规则、秩序写一本作业，然后每个参与节点硬盘都可以储存这个作业本。每个节点储存的信息一致，任何人只要架设自己的计算机或服务器，接入区块链网络，都可以成为这个庞大网络的一个节点。

区块链作业本系统，通过固定的周期时间（如10分钟一次）发布信息广播，产生新的作业区块，由矿工添加链接到原来区块的末端。区块链中的每个节点接收最新信息，并储存起来。

区块内的数据是无法被篡改的，区块链采取单向哈希算法。一旦区块内的数据遭到篡改，哪怕改动一个字母、数字或者标点符号，整个区块对应的哈希值就会随之改变，不再是一个有效的哈希值。同时，各个区块严格按照时间形成顺序链接。时间的不可逆性导致任何试图入侵篡改区块链内数据信息的行为都很容易被追溯，从而被其他节点排斥，进而可以限制相关不法行为。

带有分布式储存基因的区块链通过密码学原理、数据储存结构、共识机制来保障区块链信息的可靠性和不可篡改性，形成不依赖个人、不依赖中心化的信任机制。

区块链的技术特点使其在很多行业中的应用被重新审视，国内外很多企业纷纷加入，一夜之间区块链成为热门。区块链的不可篡改、智能合约、分布式记录，使其在物流、票据、权证、版权等领域得到重视，一些企业已经开发出应用产品。

5.3 阿里巴巴：区块链回归理性，商业化应用加速

在阿里巴巴发布的2019年十大预测中，区块链位居第九

位。阿里巴巴在预测中提到：在各行业数字化的进程中，物联网技术将支撑链下世界和链上数据的可信映射，区块链技术将促进可信数据在流转路径上的重组和优化，从而提高流转和协同的效率。在跨境汇款、供应链金融、电子票据和司法存证等众多场景中，区块链将开始融入我们的日常生活。随着"链接"价值的体现，分层架构和跨链互联将成为区块链规模化的技术基础。区块链领域将从过度狂热和过度悲观回归理性，商业化应用有望加速落地。

阿里巴巴旗下的蚂蚁区块链已经在多个民生领域应用，如公益慈善、食品安全、跨境汇款、房屋租赁等。2018年6月25日，全球首项基于区块链的电子钱包跨境汇款服务在香港上线，在港工作22年的菲律宾人Grace通过支付宝香港钱包向菲律宾钱包Gcash完成汇款，整个过程仅仅耗时3秒。蚂蚁区块链希望把"信任"体系从线上的电商、支付、信贷等场景，全面推进到数据、资产、物理世界的万物互联和多方协同。

2019年1月4日，阿里巴巴的蚂蚁金服在上海ATEC城市峰会上发布了基于区块链技术的供应链协作网络——蚂蚁双链通。蚂蚁区块链相关负责人介绍，蚂蚁双链通以核心企业的应付账款为依托，以产业链上各参与方间的真实贸易为背景，让核心企业的信用可以在区块链上逐级流转，从而使更多的处于供应链上游的中小微企业获得平等、高效的普惠金融服务。据悉，蚂蚁双链通已经在2018年10月开展试点工作，微型企业通过双链通获得了融资，已经取得了行业的积极反响。

汇丰区块链金融实践方案：2019年1月15日，汇丰银行表示，去年采用区块链方案结算了价值2500亿美元的外汇交易。自2019年2月以来，汇丰银行已使用区块链结算了逾300万笔外汇交易，支付了逾15万笔款项。汇丰银行表示，使用区块链结算的外汇交易比例还"很小"。

这是主流金融公司使用区块链的重要里程碑。出于谨慎，世界上的主流金融公司虽然投入了不少资金来研发测试，但对实际应用一直持保守的态度，很多人担心成本高、监管困难及系统崩溃等。

5.4 腾讯区块链发票系统及区块链项目

根据腾讯官方消息，2018年8月10日，全国首张区块链电子发票在深圳被开出。在深圳国贸旋转餐厅，一张金额为198元的餐饮发票被开出。

2018年11月1日，在国家税务总局的指导下，由深圳市税务局主导，腾讯自研区块链技术提供底层技术支撑，招商银行深圳分行在为客户办理贵金属购买业务后，通过系统直联深圳市税务局区块链电子发票平台，成功为客户开出了首张银行区块链电子发票。这标志着区块链电子发票的应用进入金融服务领域。

2018年12月11日，微信支付商户平台正式上线区块链电子发票功能，商户能够零成本接入并开具发票。符合相关资质的商户，只要两步就可以接入并开具区块链电子发票。

第一步，商户向国家税务总局深圳市电子税务局申请注册区块链电子发票，无纸化在线申请，即时开通。

第二步，商户在微信商户平台的产品中心，开通"电子发票"服务，并选择区块链电子发票开票模式。

从消费者的角度看，消费者使用微信扫码功能扫描商家收款二维码支付费用后，收到的微信支付付款通知下方会比往常多出"开发票"按钮。点击"开发票"后自动调取微信"申请开票"功能，填写发票抬头等信息后提交申请就完成了开票操作，整个过程比较快。商家确认后，消费者便能收到"发票已自动进入微信卡包"的服务通知。

从2019年11月8日开始，在深圳金海路沃尔玛分店，用户可以通过线上、线下两个渠道开具区块链发票。目前，在深圳，招商银行、沃尔玛、宝安区体育中心停车场、凯鑫汽车贸易有限公司（坪山汽修场）、Image腾讯印象咖啡店等已经落实了区块链发票系统。

区块链发票有以下特点。

资金流与发票流相结合，实现了"交易数据即发票数据"。每个交易数据都会通过应用区块链分布式存储技术，连接消费者、商户、公司、税务局等。

消费者结账后就能通过微信自助申请开票，发票信息将实时同步至企业和税务局，消费者可在线上拿到报销款，报销状态实时可查。

每一张"区块链发票"在流转环节都可追溯，信息不可篡改，数据不会丢失，发票信息真实可靠，还可以杜绝假发票、重复报销等问题。

2019年3月18日，深圳地铁、出租车、机场大巴等交通场景正式上线深圳区块链电子发票功能。用户使用腾讯"乘车码"搭乘深圳地铁之后，可以一键在线开具区块链电子发票。

2016年6月，腾讯旗下微众银行推出联盟链云服务（Baas），其可构建合法、合规的联盟链，提升区块链交易性能。2016年9月，该行与上海华瑞银行共同开发的基于区块链的银行间联合贷款清算平台试运行。

2017年4月，腾讯正式发布了区块链方案白皮书，旨在与合作伙伴共同推动可信互联网的发展，打造区块链的共赢生态。

2017年8月，腾讯推出了自己的企业级区块链平台Trust SQL，旨在为用户提供开发商业区块链应用的各类工具。2017年9月，该公司和英特尔在区块链身份认证方面达成合作关系。

在区块链金融领域，腾讯先后推出供应链金融服务平台"星贝云链"，以及"区块链+供应链金融解决方案"。

腾讯区块链在电子发票、供应链金融、智慧医疗、公益寻人、游戏等领域完成实际应用之后，积极参与到制定区块链运营标准的活动中。2018年，电气与电子工程师协会（IEEE）区块链深圳工作组在腾讯宣布成立，腾讯出任主席单位，帮助推进区块链运营标准的制定。

5.5　区块链技术在其他领域的应用

公证防伪：公证通（Factom）利用区块链技术来帮助开发各种应用程序，包括审计系统、医疗信息记录、供应链管理、投票系统、财产契据、法律应用、金融系统等。其利用比特币的区块链技术来革新商业社会和政府部门的数据管理和数据记录方式，也可以被理解为是一个不可撤销的发布系统。系统中的数据一经发布，便不可撤销，从而提供了一份准确、可验证且无法篡改的审计跟踪记录。

智能合约：智能合约实际上是在另一个物体的行动上发挥功能的计算机程序。和普通计算机程序一样，智能合约实质上也是一种"如果-然后"功能，但区块链技术实现了这些合约的自动填写，无须人工介入。这种合约最终可能会取代法律行业的核心业务，即在商业和民事领域起草和管理合约的业务。

股权交易平台：纳斯达克推出了基于区块链的股权交易平台Nasdaq Linq。该平台利用区块链技术，支持企业向投资者私募发行"数字化"的股权。纳斯达克与花旗银行通过区块链，将二者间的支付处理自动化。纳斯达克还通过区块链来确保私营企业股票发行的安全性。

航运供应链项目：2018年1月，马士基与IBM宣布成立合资企业，致力于区块链跨境供应链项目的研究，旨在帮助托运商、港口、海关、银行和其他供应链中的参与方跟踪货运信息，用防篡改的数字记录方式替代纸质档案。2017年9月，马士基与区块链初创公司Guard Time、微软、安永等企业合作推出全球首个航运保险区块链平台。

保险：瑞士再保险公司（Swiss Re-insurance Company）为B3i保险区块链联盟成员之一，该组织推出了一款针对房地产智能合约再保险业务。每份再保险合同用智能合约编写，当飓风或地震等灾害发生时，该合约会评估参与者的数据源，并自动计算应向受灾方支付的赔偿数额。

数字版权交易：索尼公司推出了基于区块链的数字版权管理系统。通过该系统，参与者可以共享创作时间及作者的详细信息，并自动验证文学作品版权记录。

区块链食品溯源：家乐福、沃尔玛、京东、雀巢、联合利华等公司通过区块链改善供应链跟踪，增强了食品安全性。

能源交易：2018年1月，Electron获东京电力公司（全球最大的私营电力企业）投资。目前，能源行业使用不同的基础设施进行结算和登记。Electron希望鼓励业内人士将这些功能移至共享的区块链上。Electron相当于记录管理员，能源供应商可以从中获取资产信息并更改交易记录，其服务还可应用到其他事业中，如电信和税务。

区块链技术涉及以下内容：政务系统，如司法公正、税务发票等；知识产权领域，如科研、专利、版权等；金融领域，如银行、保险、外汇；股权投资领域，如股票市场、期货、外汇；房产领域，如房地产中介、资产中介；农业、工业及交通领域，如产品溯源、能源交易、运输、制造等。

区块链的最大优势是去中心化、信息不可篡改。随着技术的进步，通过软硬件结合也可能会出现新的技术，使区块链更安全、更快速、更简洁，以方便个人使用。

第 6 章 微观数字货币
发行机制，补偿宏观经济驱动力

结合央行数字货币计划，在这里，提出一种数字货币依靠互联网技术发行的微观数字货币发行机制，将其作为数字货币在经济学应用中的一种系统理论进行探讨。

6.1 微观数字货币发行机制

微观数字货币发行机制是央行主导，通过区块链或其他技术的账本系统，向个人、企业及团体等发行的数字货币激励机制。其目标是激活微观经济，弥补宏观货币发行机制的不足，把微观经济与宏观经济协调起来。

这里的发行主体可以是央行或财政税务体系中的联合单位。

微观数字货币发行机制，需要依赖一种可信任的技术或体系，而且要体现公平性与保障性。超级区块链技术具有分布式储存、不可篡改、智能合约的特点，将其应用到生产、流通、数字资产管理领域，是商业社会和政府部门数据管理方式的革新。利用区块链技术发行数字货币可以监督货币流通过程，体现公平，防止货币权利被滥用。

个人超级账户 App 结合华为全场景技术、"阿里巴巴商业操作系统"、税务与腾讯区块链发票系统，可以打造多层级融合的安全信任机制。这种信任体系，可以成为微观数字货币发行机制中的信息工具。

利用区块链技术的数字货币发行机制具备以下特点。

"资金流与数字货币"结合实现了全息数字化金融。每次数字货币交易会通过使用区块链分布式存储技术，连接涉及的消费者、企业、物流、工人、商户、医疗、教育、住房、就业、税务局、央行等。

获得数字货币激励的个人及企业、团体完成规定的流程或任务后就可通过类似微信这样的 App 自助申请数字货币，可实现一键申请。数字货币信息将实时同步至个人、企业和央行，数字货币状态实时可查。

"依赖区块链系统的数字货币"在流转环节都可追溯，

信息不可篡改，数据不会丢失，可杜绝假币及欺骗、不诚信等行为。

只需手机就能解决问题。基于个人超级账户 App 数据信息就能申请央行数字货币支持，通过对个人身份认证后，按规则范围内的需要申请数字货币帮助，不用跑银行、各级单位，节约了大量人力、物力、时间。

以上所述数字货币发行机制的特点，是腾讯与深圳税务局合作的区块链电子发票系统应用在央行主导的微观数字货币发行机制中的场景简述，该数字货币发行机制已经具备了微观数字货币发行机制中所需要的技术基础。事实上，数字货币发行涉及的问题要比税收发票系统复杂得多，但技术原理基本一样，涉及的规则及场景还需要进行更多的研究及实验。

微型数字货币发行机制可以优先用于中小微企业发展、农业生产、农村建设、医疗、养老等领域。其以核心业务信任流程为依托，以产业链上各参与方间的真实数据流程为背景，让信用可以在区块链上逐级流转，从而让链条上的各方获得公平、合理的价值流转交换，激发微观经济的活力，使其保持持久、健康发展。

现在的国际货币发行方式一般是国家货币发行机构根据人口数量、国家实力及需要，向经济领域注入货币。之后一般通过财政刺激，各级政府举债，在央行主导下各级银行向企业及个人放贷。

过去世界各国政府及央行体系代表大众进行宏观货币发行，其弊端是不能细化到个人领域。而微型数字货币发行是一种基于个人就业、生活的货币发行机制，个人获得部分货币发行权。这样就把宏观货币发行与微观货币发行有机结合起来，对于世界的经济安全与大众普惠金融而言都是一种创新。

微观货币发行机制是依据互联网技术的可信任机制（如区块链技术）来进行货币发行的一种新模式，即利用互联网将个体与商业、工业、农业链条相连接、注入货币，激活微观经济，进而代替部分货币发行的机制。

对于中国及其他一些国家来说，个人超级账户生态、微观货币发行、多层级金融及股权系统互相结合，可以激活社会经济体系。比如，在经济下行或者不明朗的时候，大部分企业不敢贷款，一般通过削减员工、减少设备采购等压缩成本的手段来渡过难关，这时候货币微调政策往往会失效。

债务驱动下的传统金融政策势必存在困境，债务驱动经济模式为世界各国的主流经济驱动模式，目前这种模式的弊端越来越突出。

拿驱动中国经济发展的三驾马车——基建投资、出口、消费来说，为了应对未来经济下滑导致的困境，中国全面降准，鼓励贷款，个人及企业减税……这已经为我国2019年的货币政策奠定了稳健、宽松的基调。如何实现将宏观金融刺激传递到各级省、市基础经济中，以及微观企业与个人领域，依然是中国宏观经济的巨大挑战。答案就是改良传统金融体系及重塑经济学。

货币从央行流入实体经济需要三个环节：一是央行向商业银行释放基础货币；二是商业银行具有向企业提供信贷供给的意愿和能力；三是企业有融资需求，愿意借钱开工生产。但经济下行情况下出现了银行不愿意借钱、个人及企业不想借钱的现象（愿意借贷的个体无法偿还借款也会延续风险）。

货币发行机制的层级获利行为，造成了传统宏观货币政策与微观经济之间的矛盾，因为宏观金融周期性收紧或宽松会在资本市场上产生放大效应，而微观经济是影响民生的必需生态。

这种情况说明了传统经济学的困境，如果发生经济困境，金融杠杆过高反而会让经济更加困难，需在经济领域内建立一个多层级的合理秩序，结合央行主导的微观货币政策，直接利用数字化金融形成一个保障机制，而不是依赖传统货币传递的机制。

在传统经济学中，自由市场理论是建立在微观市场信息不足假设条件下的，由自由市场充分竞争实现市场的效率化。但泛自由市场会出现周期性金融问题，也有可能引发经济危机，这时候往往需要宏观货币金融来刺激、调控，以渡过经济危机。通过 QE，国债宏观调控模式自上而下，成本比较大，很难让大部分个人获益。但个人需要承担公共性发行债务引起的名义债务负担，所以出现了少数人拥有大部分财富的现象。

传统经济学中资本驱动的经济体是建立在社会经济不能够完全表达出来的基础之上的，是向全信息经济社会方向发展的，如信用与税收体系建设，信用卡、个人支票的普及。当前的信息化时代已经为全信息经济社会做好了准备，数字化社会可能会体现出北欧国家资本主义与社会主义相结合的方式：一方面，人们的基本生活获得保障；另一方面，能激发个人创新以及获得更优质生活的愿望。

现在，在互联网信息技术的驱动下，我们可以尝试借鉴腾讯区块链发票系统、阿里巴巴商业操作系统，或者通过购买技术实力强的大公司的服务协作，在部分地区、行业做试验，通过微观货币发行机制激发经济活力。

6.2 微观数字货币发行机制补偿宏观经济驱动力

第一，多层级金融激励，促进就业，维护经济秩序，应对经济周期。当经济下行后，就业、消费、金融等会互相影响。反映在宏观经济领域，整个社会会出现宏观经济下行及宏观调控滞后问题。宏观调控从上到下，不能直接刺激微观经济。而微观数字货币发行机制可以及时、直接激活个体、中小企业。微观与宏观相协调，形成多层级互联的货币及金融财政政策，是更加科学的调节机制。

第二，宏观经济是由微观个体组成的类似经济复合体，具有合理流动性是健康经济体的标准，合理的个体经济运转是宏观经济体健康的体现。微观数字货币发行机制通过创造合理的流动性，调动每个微观的经济因素，在满足个人生活质量的同时，实现宏观经济体的健康发展。

第三，微观数字货币账本系统可提高金融效率。央行依托区块链技术，针对个人、企业、商家、银行、团体、各级行政单位，建立数字货币账本系统，一键简单操作将会提高金融效率。以个体为微观经济单位的数字货币发行机制来改变传统以抵押货款获得资金的渠道，将提高效率，激发经济活力。国家本身是代表个体经济复合体的合法货币发行单位，传统的思路是：一方面，各级政府通过向公众、银行、央行举债，以债务形式获得货币；另一方面，通过各级银行向企业发放经营贷款或者向民众发放住房等消费贷款释放流动性。而货币盈余的个体及公司、社会保险部门等，通过购买政府债务、在银行中存款、进行股市投资等获得利息或者资本增长。政府向个人、团体及企业征税，通过基础建设、公共支出等手段释放货币，最终达到财富再分配的目的。但是传统的财富分配本身存在很多的缺陷，因为传统货币政策的长链条结构多环节、低效率，个体的抵押贷款短期化并不能改善生产效益与质量，也无法更好地改善个体生活质量。

第四，缓解各级政府债务负担。各层级微观数字货币发行机制可让一些需要扶持的领域获得持续健康发展，如医疗、农业、住房、教育，以及其他与民生相关的领域。同时，这也是一种新的尝试，可缓解各级政府以债务驱动经济的压力，减少地方政府债务，平衡国内区域金融问题。这样一方面可以解决货币金融激励问题，另一方面可以解决县级以下地区的财政困难问题。

第五，解决区域金融经济平衡问题。微博上有人公布了一个模式，大致是香港提供资金，在广东生产，内地消费。中国改革开放后，海外的投资一般集中在沿海地区，一方面通过低端加工及代工模式将商品出口至海外，另一方面通过规模效应，向内陆地区输出产品。当前中美国际贸易摩擦加剧，加工行业成本上升，年轻人不愿意去工厂工作，部分加工业向东南亚转移，沿海低端加工及代工模式越来越弱化，而内陆地区很难获得持续性金融支持。微观数字货币发行机制可让一些需要扶持的领域、非出口为主的内陆地区、影响民生的领域健康、持续发展。内陆地区经济健康发展，也利于沿海发达地区的高端技术及设备市场开发及场景应用。

第六，化解金融系统自身矛盾。为了刺激经济，央行接连出台货币宽松政策，但银行为了预防风险不敢轻易借贷，有能力的个人、企业因为无高获利的预期也不敢轻易借款。而微观数字货币政策有利于打破僵局，在信任金融经济链条的基础之上，提升可合理利用的空间，让银行真正地专注于运营或者发挥服务功能。

第七，激发个人活力。互联网信息化让社会在宏观与微观经济中找到了平衡工具，宏观复合体与个体及功能单位互相协调，让经济合理地流动，而不是畸形发展，个体生活有效及稳定，才能更好地发挥创造性。

第八，环保生态激励。对于生态、农业、农村、医疗、教育、科研，城市居民可以通过微观数字货币激励政策，建立以环保、健康为主的基础系统，通过互相连接、有机组合，加强基层群众的环保意识。

第九，国际合作。有效的金融经济创新可以为世界提供互相学习的模型，可以产生多样化的微观数字货币激励方式，进而让微观与宏观经济实现优化、进化。

对于现代社会来说，电子支付已经盛行，技术问题逐渐解决，微观货币激励已经成为可能，在微观领域发行货币是一种有益的尝试。其属于社会经济试验，既影响金融、经济，又影响社会。所以应先进行局部尝试，待真正对社会具有推动作用之后，再进行扩大领域的尝试。当然，金融经济是复杂的体系，只有经过社会实践，才能找到合理方法。

在此，需要说明一下需要货币激励的大学生如何获得支持。在微观数字货币发行机制下，大学生要完成学业，需要得到一些资金帮助。微观数字货币激励政策属于普惠性货币激励政策，无论个人家庭条件如何，都可以获得支持。在这种机制下，个人可以申请微观数字货币体系支持。大学生需要在不影响学习的前提下打一份工。而对应的公司及政府部门可以通过安排大学生打工，或者从事公益活动，使大学生获得微观数字货币的支持。当然，要想做到真正发挥工作实效、有益于社会，需要发挥社会机制。

好的创意需要防止被滥用，微观数字货币激励应建立在产生社会实在价值基础之上，真正建立信任的价值链条体系，不能依靠欺骗获得货币激励。

5G 时代，个体与万物的多层级互联使其形成一个有机复合体。个人就是这个有机复合体中的细胞单元，这种多层级结构，将促进金融、就业、医疗、住房、出行、农业、工业等价值链条的重塑。未来将会诞生新的互联网模式，以及与政务部门对接的新场景模式。

6.3　总结及预测：中国与世界多层级数字化金融的未来

超级互联网公司利用互联网技术介入金融领域，重新塑造了金融生态。

而金融是世界经济的血脉，主导了世界财富。

主权货币是依据各国实力、历史，自然演变而成的货币。在国际市场上，随着中国国际地位的上升，人民币地位逐渐提高，但相对来说，美元、欧元、英镑、日元一直是国际金融中的主导货币，美元、欧元占据了国际金融的主要份额。

除了主权货币，在国际金融秩序中，还有债务市场、股票市场、期货、基金、外汇交易、投资银行、银行体系、国际各种开发银行、清算组织等。

随着数字货币与科技金融的发展，未来将形成以下趋势。

联合国数字货币：随着社会的发展，为了解决资源、环境、人口问题，为了平衡各个国家金融主导权间的矛盾，可能诞生联合国数字货币，形成新的国际货币。

联盟数字货币：像欧盟一样，一些国家可能会联合起来，形成一种平衡机制，推行一种数字货币。一些经济不发达的国家或者人口少的国家，与一些经济发达国家合作，可以获得货币稳定机会，这些国家也有可能通过与超级互联网公司合作来实现货币权益。

超主权数字化货币：脸书加密货币 Libra 与美元、欧元等绑定，可产生信用与流动性。如果美国、欧盟各国政府最终让 Libra 数字货币成为现实，那么这将是国际上第一个由超级互联网公司主导的货币、金融、支付体系。

中国电子支付：微信、支付宝手机电子支付已经成为中国领先世界电子支付系统的重要名片。随着电商的发展，阿里巴巴旗下的支付宝进入了全球 50 多个国家。同时，阿里巴巴、腾讯在区块链金融方面的布局也让中国储备了丰富的数字化金融技术及经验。

微观数字货币发行机制：微观数字货币发行机制是在国家

货币主权主导下，依赖互联网体系及数字货币技术的一种驱动经济的货币发行机制。微观数字货币发行机制属于数字货币技术与农业、工业、服务业及个人直接融合的一种机制。

全球数字化经济文明新秩序：结合移动支付及央行数字货币，微观数字货币发行机制可以与世界各国政府及企业达成共识，产生新的经济文明体系。

数字化股权市场：《麻省理工科技评论》杂志官方微博发布了题为"欧盟首家合规股票代币化交易平台将上线，交易美股可不受时间限制"的博文。其具体内容如下。

据彭博 2019 年 1 月 3 日报道，数字交易平台 DX Exchange（下简称"DX"）将同意投资人用加密货币购买谷歌、脸书、苹果等大型美股，且不受限于股票市场的营业时间。

DX 将首开先例，将上市公司股票代币化，采用纳斯达克的金融信息交换（FIX）协议，推出基于 10 支在纳斯达克上市企业股票的数字代币，包括谷歌、脸书、英特尔、苹果、亚马逊、特斯拉等。每一代币都有一股普通股支持，持有代币者可获得同样的股票分红，股市收盘后依然可以进行交易。

其代币将基于以太坊网络，数量与 DX 交易所的需求相对应。DX 交易所的首席执行官认为："这是传统市场与区块链技术合并的开始，将打开一个全新的新旧证券交易世界。"

代币化是加密货币爱好者越来越常谈论的趋势，这将涉及将现实世界资产转换为使用区块链技术的数字货币。证券型代币领域将可能是 2019 年快速增长的关键领域。

随着数字化货币、数字化金融科技与实体经济的高度融合，未来全球股权市场可能会形成一个全球代币化股权市场，人们可以通过手机、计算机，在各个时间段都能买卖全球任何股权市场的股票。通过使用金融及科技手段，非上市公司的股权也可能会成为其中的一部分，纳入股权交易体系。

数字化期权市场：区块链及其他技术的代币化延伸，可以在资源、农业等方面形成全球有秩序的交易机制。

中国股票市场：股票市场涉及两方面，一方面是股民，另一方面是企业。而股票交易所是中介，服务于股民与企业，同时把握市场质量，体现公平、公正。

企业通过股票市场向股民出售股票，换取长期资金支持股民通过购买企业股票获得股权，并享有分红、股权价值上涨带来的增值效益。股票交易所负责监督及保持股票交易市场的合理性。对于大多数股民来说，股票市场中的风险与收益具有不确定性，一般股民通过持有的股票升值或者分红来获得收益；当股市下跌，或者企业经营不善时，就要跟着承担损失。影响股票市场的因素很多，如国内外金融及经济政策、国际贸易、汇率、经济周期、行业发展周期、国内外各类股权投资基金、企业经营及财务风险、企业经理及控股大股东声誉、关联投资、股权质押风险等。

保护股票市场中的中小投资者一直是一个热门话题。一个良性循环的股票市场中，企业原始大股东在企业上市之前，就应该清楚，上市是向股民及其他投资者借钱获得资金，原始大股东依靠企业增值及分红获益，让企业获得长远发展，而不是依靠出售股票及利用信息不对称来获得收益。但企业原始大股东及企业上市之前的各投资股东有向股票市场出售股票、获取资金的需要，比如科技股股东一开始做风险投资，上市就是为了在适当时候退出收回资金并准备投资孵化其他创业公司。对以上观象，我们可以制定规则，保证原始大股东及上市之前的投资者，可以与特定的股权基金进行交易，而向散户市场释放股票的比例要经过相关专业的严谨论证。

中国股票市场散户多，股权基金不成熟，从上市企业到散户存在信息不对称。解决的方法是：建立股民长期参与企业经营监督的机制，或通过区块链、5G 实时视频、VR 等技术手段，让股民更了解企业。

由于历史原因及中国人口众多等原因，中国区域金融长期处于不平衡状态，沿海发达地区的企业获得的上市机会越来多，而缺乏金融支持的内陆地区的股民资金通过股市流向发达地区。在不影响发达地区高科技企业上市的情况下，我国需要建立多层级的区域金融，在保持发达地区国际竞争力的同时，能够为内陆地区服务，这将会有利于各地经济的均衡发展。

第三部分

超级 AI 复合体经济

第7章　传统经济与互联网商业的悖论

7.1　互联网商业悖论

未来，随着智能化的发展，机器人将大量替代人进行工作，人们会担心就业机会被剥夺。为了满足就业机会及收入需求，人们需要投身新的数字化经济。连美国这样号称要主导世界经济的国家，普通民众选举总统时最重要的考量之一仍是能否解决就业与收入问题。

美国著名脱口秀主持人马厄在节目中说："这次政府关门，暴露了联邦雇员是典型的中产阶级。在边境建墙并不是关键问题，雇员的钱包才是主要问题所在，他们不能一个月没有工资。如果一个月没有工资，糖尿病病人会因此减少胰岛素注射，有的人还不上房贷。6成美国人存款不足1000美元，一个月没有工资就过不下去，平时连400美元应急款都拿不出，1500万人没为退休存款……美国不再制造中产，而是榨干中产，让他们疲于奔命!"

我一个生活在小县城的朋友在2018年12月最终决定放弃小商品批发业务，准备投身物流行业。互联网商业已经深深影响到县、乡镇，越来越多的空间被挤压。互联网商业的副作用越来越明显，传统行业的生存越来越艰难，话语权与资本金融正流向少数互联网企业，互联网的普惠性正在丧失。

互联网商业正在影响越来越多的传统店铺，随着竞争的加剧，很多中小电商反映越来越难以在电商平台上获利。

同时，快递包裹大量增加，不仅带来环境污染，而且从事快递行业的年轻人正在因此丧失学习技术的机会。

2018年，中国快递量达到500亿件，快递业务量连续5年稳居世界第一，超过美国、日本、欧盟等发达经济体总和。

经初步估算，2018年全国快递业共消耗快递运单逾500亿个、编织袋约53亿个、塑料袋约245亿个、封套约57亿个、包装箱约143亿个、胶带约430亿米。国内使用的包装胶带一年可以缠绕地球1077圈。

中国快递业的繁荣带动包装业蓬勃发展的同时，也制造了大量污染。包装材料以纸张、塑料为主。塑料的主要成分为聚氯乙烯，这种成分埋在土里，需要上百年才能降解。另外，一些商家为了避免货物的磕碰，对货物进行了过度包装，使用了大量的纸箱、胶带、泡沫等，这些用品只能作为垃圾处理。

中国计量学院副教授顾兴全在中国快递标准化研究中指出，我国每年因快递过度包装浪费的瓦楞纸板约18.2万吨，相当于砍掉了1547公顷的森林。在每年消耗的约3亿立方米的木材中，近10%用于各种产品包装。有时我们只网购了一瓶酱油，却附带着太多的包装。

在大自然面前，人类其实很脆弱。地球是一个生态体系，当人类的工业文明导致的工业排放积累到一定程度后，雾霾与污染产生，工业文明的副作用开始显现。当生物技术驱动的生产大规模进入人类社会后，也会在微生态方面影响人类。在地球资源有限的情况下，随着生产力的提高，人类社会如何与地球环境相处，人类自身如何达成共识，如何认识到自身局限等问题被提上日程。

随着现代工业文明的发展，人类利用科学与技术，在短短的几十年的时间内，超越了人类社会诞生以来的生产量。

当今人类文明出现了两个核心问题，一个是全球资本主义治理的失效；另一个是在有限的地球资源前提下，环境与人类的互相影响问题。

7.2 经济学的本质，就业权依据的自然演化

经济学的本质：经济学越来越复杂，以至于我们都忘记了最初经济学的原理是通过劳动交换，满足人们的衣食住行。目前看来，世界过于被经济衍生的货币金融秩序操纵，而不是让金融货币为人们长期服务。

就业权依据的自然演化：在进化历史上，面对残酷的大自然，人类在竞争中胜出，形成群体，发明工具，利用工具，逐渐积累优势，这是人类智慧的体现。

在原始社会，人口数量少，大自然能够为人类提供足够的发展空间，人类也可利用工具和群体优势拓展领域。当然，从部落到国家的建立，从奴隶社会到封建社会，人类依然没有摆脱制度性剥削，资本主义社会取得了很大的发展，生产力得到飞速发展，人们的生活水平得到大大改善，但大部分人依然挣扎在生活的烦琐与苦恼之中。

当今的社会性焦虑，就是科技虽然高度发达，但人们不再直接面对大自然，从而获得天然就业权利。人们要更多地面对人、工厂、商业、金融，在城市拥堵的空间里生活，担心会突然失业。

当然，各个国家依然尽量保障工作机会，通过发行债券、

贷款等激活就业市场来让社会运转，希望大部分人能安居乐业，而人们也希望通过各种努力，得到更多的保障。

随着贸易全球化的实现，生产的规模越来越大，许多工厂中出现了机器流水线作业，用机器人代替人工操作。一边是生产相对过剩，另一边是消费力不足，人们无法获得更多的资金保障生活的稳定。

随着经济及资本周期全球波动及共振，无论是美国、欧洲国家还是中国，都出现了问题。如何保障就业成为一个突出问题，或许需要一种新的机制来代替传统的全球贸易机制。

7.3　全球债务，驱动经济的马车太沉重了

货币本色的丧失：从原始社会的贝壳，到奴隶社会、封建社会的金属铸币及黄金，再到资本主义社会的纸币，货币一直是物品之间交换的中介。但现今社会，央行作为发行货币的主体，通过其他各大银行，向国家各级政府、企业、团体和个人（个人贷款）发行债务。货币是人们为了满足物质交换需求而创造的一种价值中介。虽然经济越来越发达，但衣食住行、医疗、教育成为大众最焦虑的事情，让人们疲于应付。甚至这些负担成为了人们真正的负担，以至于人们越来越"佛系"，不

结婚、不谈恋爱、不生育。

我们失去了什么？我们丧失了自然属性。如今世界各国所采取的发行债务、金融贷款的方式也出现了问题，债务已经达到极限。

新华社2019年1月15日电：总部位于华盛顿的国际金融协会15日发布报告称，截至2018年第三季度，全球债务规模已超过全球经济总量的3倍，全球债务占全球GDP的比例接近历史最高水平。

报告显示，截至2018年第三季度，全球债务总规模为244万亿美元，同比增长3.9%，较2016年同期增长12%；当季全球债务占GDP的比重达318%，接近2016年第三季度创下的历史最高水平320%。

从债务类别角度看，截至2018年第三季度，全球政府债务总额超65万亿美元，非金融企业债务近73万亿美元，家庭债务约46万亿美元，金融企业债务约60万亿美元。日本和希腊是世界上负债最多的经济体，债务占GDP的比例分别为237.6%和181.8%。与此同时，美国以105.2%的比例排在第8位，美国财政部最近估算美国国债为22万亿美元。

报告显示，全球债务规模近十年来显著上升，尤其是非金融企业部门和政府部门的债务增速较快。其中，发达国家政府债务增速较快，新兴经济体企业债务增速较快。

英国《金融时报》网站2019年1月20日报道，国际金融协会的全球债务监测数据库显示，欧元区家庭的债务在2018年第三季度降至57.6%，是2006年以来的最低水平。欧元区的这一数字低于美国。美国的家庭债务占国内生产总值（GDP）的75%，并低于英国的86%。这些债务包括抵押贷款、汽车贷款或学生贷款等有担保及无担保贷款。

报道称，在一系列关税争端威胁全球贸易发展，欧元区经济显示出放缓迹象之时，经济学家越来越将家庭支出视为经济增长的支柱。

2019年初，一条关于2008—2017年工、农、中、建四大行贷款结构数据的新闻引起网民关注。基于四大行年报数据，2008—2017年，四大行累计发放贷款252.76万亿元，其中个人住房贷款规模为68.84万亿元，占比27%，加上房地产企业贷款，十年内四大行投向房地产行业的贷款规模总计达87.96万亿元，占比34.8%。包括四大行在内的整个金融机构十年内贷款余额从34.95万亿元上升到136.3万亿元，而房地产行业贷款(房地产开发贷款+个人购房贷款)余额则从5.67万亿元扩张到38.7万亿元。在此期间，房地产行业贷款占比从16.3%攀升到28.4%。

2018年年末，家庭部门贷款余额飙升至47.9万亿元的新高点，杠杆水平(占GDP比重)也历史性地突破了50%。其中，个人按揭贷款的比重由49.2%上升至57.4%，这还未包含快速增长的公积金贷款——2017年全国公积金贷款余额为4.5万亿元，同比增长37%。

个人住房按揭贷款的快速增长，让居民杠杆率居高不下，家庭承担的债务过大遇到预期收益变差时，就会产生挤出效应。一方面，为了还清债务，人们会降低消费水平，传递到经济链条上，首先会导致企业盈利水平下滑或者预期不好，接着企业就会裁员或者减少新员工招聘，从而影响就业等环节。另一方面，房价升高会增加传统行业的成本，人们会要求提高工资待遇，来应对买房或者租房支出及其他生活支出的增加。这对基础相对薄弱的中国制造业来说，需要在短期内应付成本上升的风险，而不能循序渐进地改良工艺及效率；而互联网商业的透明化又会降低没有品牌、技术不好的企业的利润，尤其是传统制造业中的中小企业的利润。

房地产行业对制造业等实体经济融资产生了明显的挤出效应，也使居民杠杆率创下历史新高，进而对居民消费造成较大的拖累。

2019年年初，根据招商证券研报数据，政府和非金融企业的债务合计有166万亿元。企业的债务率过高，中小微企业质押条件不足，财务链条信用不高，导致银行采取谨慎措施，做一些有把握、不易出风险的业务，甚至一些地区及行业出现了信用收紧的现象。

在不少金融界人士看来，总量政策无法解决结构问题，原因或许并不全在金融本身。为供给侧结构性改革和高质量发展营造适宜的货币金融环境，一方面，要精准把握流动性的总量，既要避免信用过快收缩而冲击实体经济，又要避免"大水漫灌"，影响结构性去杠杆；另一方面，要精准把握流动性的投向，发挥结构性货币政策精准滴灌的作用，在总量适度的同时，把功夫下在增强微观市场主体活力上。

从另一个角度看，现在市场越来越成熟，除了少数企业，对于大部分个人及中小企业来说，互联网商业让利润越来越透明、有限。无论是个人还是企业，很难再有像原来一样获得高收益的项目。而且一些人及企业还没摆脱困境，这导致大家采取谨慎原则，从而使贷款消费和贷款投资的意愿降低。

而对于地方政府来说，总体债务盘子比较大，像原来一样举债驱动经济发展的效果有限。在中央"房住不炒"调控精神的指导下，居民债务负担沉重的问题将得到改善，监管部门会积极引导银行资金进入民营企业、小微企业和进行基建投资。如果就业水平及个人收入提高，随着个人按揭贷款逐渐回落，房地产市场对制造业融资的挤压也将逐渐缓解。

债务驱动的金融经济模式已经创下了新的纪录，通过债务驱动经济，高债务负担影响了经济健康发展，需要新的经济模式，也就是后面提到的微观货币发行机制，AI复合体经济结合个人超级账户App来替代（或部分替代）传统经济模式。

财富的本质：货币、住房、股票、黄金等所有财富表征是建立在自然基础之上的，目前经济理论的缺陷在于，人们为了获得财富，而过渡掠取自然资源，生态恶化反而会导致未来人们财富的持续性丧失。

如果未来依据人工智能、区域生态功能计算来布局农业、商业、工业系统，那么既可以减少浪费，又可以保障生活质量。比如，各个企业按照500千米生活圈布局，不仅能合理安排就业、住房、医疗，减少交通运输和过度包装问题，还能让人们的工作更轻松。

7.4 城市化、股市及美国的保守化

城市化：过去二十多年，我们的目标是城市化，建立超级城市及城市群。但拥堵的城市交通使生活、工作效率越来越低。日本东京将出台政策，奖励那些离开东京的人口。中

国为了疏散城市压力，平衡经济与生态，建立了雄安新区，准备把金融、央企等功能、部门疏散过去，把北京建设成首都功能区域。

房地产困局：房地产属于支柱性产业，但过去这些年，房地产价格非理性上涨，反过来增加了社会成本，影响了实体经济，压制了个人消费。

房地产是既具有公共性质又具有商品属性的产品。对于大众来说，使房地产行业有限度地获取利润，对其进行合理调控，给予合理的资金支持，才能更利于社会发展。

股票市场的错误：企业上市是为了借钱发展，而不是为了使股东或者投资机构把股票卖向市场。上市企业大股东及原始低价股东出售手里的股票必须经过严格审批或者打折扣，甚至不能随意卖给散户。大股东的合理收入应该基于公司业绩及预期获益，而不是基于市场信息不对称导致的普通散户亏损。同时，让散户或者股票市场的二级投资机构参与到上市企业管理或者监督中，这样才能部分做到信息平等。

发达国家的保守：美国要退出世界贸易协定等，并希望在墨西哥与美国边境处筑起一面阻挡移民的墙，试图把华为这样的掌握着5G先进技术的公司限制在美国及其他部分国家之外，以试图挽救美国的就业。这样一个原本倡导自由贸易的国家现在越来越保守，这将导致世界经济、文化、科技的重新塑造。

7.5 科技资本巨头

2015年，苹果营收高达2310亿美元。如果苹果的营收与世界各国的GDP一起进行排名，那么苹果能排在第42位。其与芬兰2015年时的GDP（为2310亿美元）相当，超过了爱尔兰、葡萄牙和卡塔尔等国（地区）。

2016年，根据FactSet研究的一份报告，微软第三季度的现金和短期投资总和为1359亿美元，紧跟其后的谷歌母公司Alphabet的现金和短期投资总和为830亿美元，排名第三的思科现金和短期投资总和为710亿美元。甲骨文的现金和短期投资总和则为684亿美元。

如果包括长期投资，那么苹果公司的现金储备数额为2376亿美元，成为现金储备王；微软位居第二，其现金、短期投资和长期投资总和为1474亿美元；紧随其后的谷歌母公司Alphabet的现金储备数额为887.6亿美元。之后的排名分别是福特、思科、甲骨文和通用汽车。截至2018年9月30日，IT行业总共持有6227亿美元现金和短期投资，占标准普尔500指数现金储备总额的43.6%。

　　微软、谷歌、亚马逊、脸书等互联网企业是过去三十年来最成功的企业。微软、苹果这样的企业已获得超额利润，拥有比大部分中小国家大的影响力；而亚马逊、谷歌、脸书也成为了越来越影响人们日常生活的企业。

　　在中国，腾讯、阿里巴巴、京东、百度、网易、美团、滴滴、今日头条，已经深入人们的日常生活。电子支付手段的普及，让人们携带一部手机出门比携带现金更方便。这不仅使传统银行业备感压力，在造币工厂工作的人员也应该感受到了巨大的危机。

　　未来主导世界进程的可能是科技公司。对于大部分中小国家来说，在科技企业面前，劣势越来越明显。随着亚马逊、谷歌这样的科技企业的势力范围不断扩大，将来有可能由科技公司来主导一些小型国家的经济改良，并重新塑造其国家秩序。

7.6 数字经济的未来应该更文明

　　过去的商业充满过度竞争，奉行丛林法则，这导致了很多问题。在数字经济时代，诞生新的商业规则，产生一种共同体效应，平衡资源与生产、消费、就业间的矛盾，塑造国家之间的良性竞争，将成为一种发展趋势。

数字化经济文明会带来更好的经济秩序，如果深入人心，不仅可以避免国际贸易冲突，还可以更好地促进人类的发展。

第8章 电商的进化——超级AI复合体经济

8.1 超级AI复合体经济

随着竞争日趋激烈，中小商家越来越难以在淘宝、京东这样的电商平台上获得利润。5G时代，万物互联，人工智能将极大提高工业、农业、服务业等产业的生产力；

在5G时代，人类社会将进入数字化时代，电商平台将向两个方向进化，一个方向是持续维持消费者的忠诚度，另一个方向是生产服务企业与电商平台深度融合。未来电商最终会进化为个人就业、消费、金融、生产、住房等交错连接的超级人工智能（AI）复合体。

超级AI复合体经济将呈现以下几个场景。

（1）人们的就业、生活将得到基本保障，全球出现新经济文明，超级 AI 复合体可以提高社会运行效率，重塑生活及就业场景。

（2）人们学习、工作的时间更加灵活，富余时间更多，创新、知识产权保护将给普通人带来更多的财富机遇。

（3）生活质量及产品品质因为信息化流程将得到更好的保障。传统互联网巨头，房地产、金融等企业将在超级 AI 复合体经济中重新定位。新的人力资源服务企业将提供新的人力资源组合，并对互联网及传统经济产生新的价值。

分布式生态居住、生活将成为未来全球发展趋势。超级 AI 复合体就像是亚马逊、京东、阿里巴巴企业的升级版，一方面由基础层延伸到生产制造、服务等领域，另一方面由消费者领域延伸到就业、住房等综合性领域。

阿里巴巴商业操作系统看上去比较接近超级 AI 复合体的理念。

2018 年 10 月 30 日，阿里巴巴集团首席执行官张勇发表致股东信，明确提出"阿里巴巴商业操作系统"的概念。在张勇看来，每个具体领域都有强劲对手，但阿里巴巴的优势在于生态。全世界没有一个公司有这样一套操作系统，它不仅能够触达消费者，而且能够服务企业。阿里巴巴经济体中的多元化商业场景及其所形成的数据资产与正在高速推进的云计算结合，形成了独特的"商业操作系统"。消费者互动、营销、供应链、物流、云计算、电商、数字虚拟产品、蚂蚁金服、高德等，构成了阿里巴巴商业操作系统的重要基础。

阿里巴巴具有娱乐平台、出行平台、直接面向消费者的购物、快递运输平台、进出口中小企业接口平台、阿里云链接企业管理系统，并拥有蚂蚁金融、支付宝等金融平台，是初级具备了数字生态链条的操作系统。

当然，目前阿里巴巴商业体系与超级AI复合体经济理念是冲突的，具有本质上的不同。

（1）阿里巴巴商业体系偏于自身利益诉求，并非带有普惠性。

（2）价值观不同，阿里巴巴商业体系的目的是让天下没有难做的生意，超级AI复合体是让天下没有难过的生活。

（3）阿里巴巴商业体系的股权结构目前并不具备全链条的有机组合能力。但总体来说，目前阿里巴巴商业体系最接近超级AI复合体经济。

随着个人隐私保护及个人需求的升级，5G时代技术的演变路径为：向数字农业、数字工业及智能化服务方向发展，传统的农业、工业、服务业将被重新架构及塑造。这种新的超级账户生态，最初是简单的互联网企业服务于个人超级App需求的对接，最后会形成全球互相链接的超级有机经济复合体。

无论是传统行业（包括传统的互联网行业），还是高科技行业，都将被重新塑造及组合。世界经济的游戏规则将不可避免地被改变，财富规则将被重新塑造。

一批新的概念公司将诞生，如算法公司、专注数据储存的公司、数据交易所、基于个人App服务的协助链接公司、个人知识产权协助公司、能源算法交易中心、数字银行、数字股权财富管理公司、远程协助服务公司、农业数据管理公司、专注于工业各行业的数据及设备公司、自组织设计公司、3D混合现实开发公司、基于信任机制的服务及监督公司、人力资源公司等。

未来，从农村到城市，世界各地会出现更合理的分布式布局。而住房、医疗、教育等领域会涌现新的组合场景及生态场景。

在超级AI复合体经济中，专利、技术开发、营销、生产、工厂、供应链、股权、材料供应、金融供应等，将会面临价值的重塑。

随着互联网新理念的诞生，传统的互联网将通过数字化AI与工业、农业、服务业等深度融合。5G时代，人们将释放更多的劳动时间，人与环境会更自然、和谐。科学统计结果显示，生活在城市中的人患心理疾病的比例大于农村人。因为生活在农村的人，从小接触大自然的机会比城市居民多，成年后心理疾病风险低。丹麦奥胡斯大学的一项研究指出，自然环境在这里起了重要作用。这项研究采用了政府登记数据，包含所有丹麦人在1985—2013年间的居住和医疗信息。此外，研究者们还利用卫星数据，计算了每个人10岁以前居住地的绿色空间比例。他们经过分析发现，在家庭经济条件、父母病史和年龄等因素都几乎相同的情况下，童年时期居住地绿色空间比例越高的人，成年后患心理疾病的可能性越小。相比于童年时居住地绿色空间比例最高的人群，那些比例最低人群的心理疾病风险高出了55%。

除了心理影响，童年居住在农村或更多地接触大自然，对人们的肠道微生物、免疫等都会产生更积极的影响。

8.2　资本的高级进化

两百年来，资本的演化经过了几个阶段，即资本的生产要素、资本的资本要素、资本的员工要素。

资本要素之一，资本中的金融筹措方式的变化：早期的欧洲国家，如葡萄牙，通过殖民地在全球扩张；而以英国为首的资本主义市场以战争为手段，掠夺他国黄金，强行打开市场。第二次世界大战后，世界各国增加了央行、财政政策对资本市场的刺激，银行作为筹资的主渠道在新形势下作用越来越小，股票市场作为筹资的主渠道作用越来越大。企业筹资越来越依靠股票市场。

随着互联网的发展，传统企业被纳入区块链筹资、智能合约这种数字信息链条之中。像阿里巴巴依据区块链做的蚂蚁双链通，可将企业的真实信息反映到链条中，中小企业能够方便、低成本地获得资金。当然，互联网商业集中化的弊端也逐渐显现出来。

资本要素之二，市场的变迁：经济全球化使社会化生产率大大提高，企业不得不通过兼并来节约费用。企业家们为了开拓市场而绞尽脑汁。经济全球化扩大企业市场，同时跨国企业发现，它们可能将面对来自民族主义的抵制。那些发展中国家因为具有严重的对外依赖性而使经济变得动荡不安，这可能导致地方保护主义，为了稳定经济、控制市场，就要妥协，使企业成为该国家或地区的一部分，变得更加本土化，而纳入该国家或地区的发展战略是最好的策略之一。

由于生产力的发展，企业越来越重视顾客。在生产过剩的年代里，如果能培养潜在的顾客或留住老顾客，对于企业的生存和发展都是有利的。尤其对投资范围广的大企业来说，降低成本，开发新的产品及培养潜在顾客变得越来越重要。培养潜在顾客意味着对其购买力进行投资。顾客是否有足够的购买力，取决于顾客的信誉度、对产品的忠诚度及顾客的收入水平。

互联网商业公司，像京东商城、阿里巴巴等，都已经开始为客户提供贷款。未来，企业为客户提供就业岗位，以保障消费，将成为趋势。

资本要素之三，工作人员在公司中作用的变化：优秀的工作人员在公司中的地位越来越高。虽然资本市场要求公司降低人力成本，但是在一些公司里，人才起着决定性的作用，公司重要的职位会让更有能力、有开拓精神和责任感强的人来担任，尤其在一些高科技公司里，企业会遵照一些秩序性的安排，让员工分享部分股权。

最经典的例子就是华为。华为在发展过程中面对国际高科技企业的竞争，需要大量资金做研发。华为参考世界各国先进管理制度，创造性地建立了一套内部员工买股、持股的科学管理体系，华为员工拥有98.6%的股票分红权益。华为的管理水平、创新能力及危机意识都很强，华为的管理体系、股权激励政策很符合这种工作强度高、以大规模高端人才为驱动力的科技公司行业的特征。其他互联网公司采取了不同的政策，也是可以参考的。

资本要素之四，资源对人类的要求：人类越来越依赖以石油、天然气为主的能源。当今社会，少数资本主义国家消耗着大部分能源，占世界人口比例较高的发展中国家发展经济的需求更加迫切。以中国、印度为主的日益壮大的发展中国家，将对发达资本主义国家的资源需求构成"威胁"，发展中国家步入由消费拉动经济的阶段后无疑将使矛盾加剧。未来的互联网世界中，营造更加生态的居住、生活、出行环境，建立生态城市、生态工业、生态农业将会成为趋势。

资本要素之五，生产力的要求：一些资本主义理论家，把网络时代称为后资本主义时代。随着人工智能的发展，人们越来越把未来描绘成机器工业时代。人们将从繁重的劳动中解放出来，工厂只需交给少数人来管理就够了。但是在这样的时代里，人们不再工作，将如何来享受文明带来的成果呢？显然对于传统经济来说，需要新的经济学模型来解决就业、生产及生活问题。

资本要素之六，人性的需要：人们发现，对激烈竞争的环境越来越不适应。人们需要一种既能通过竞争获取更多财富又能为大部分群体提供基本生活保障的体系；对以占有为目标的狂热崇拜变成越来越能享有社会发展的一部分。人类在生活水平普遍有了基本保障后，对精神生活的需求越来越强烈。低度竞争使社会要求更加统一，生活水平的提高使人们改变思维方式。人们对人与人之间的关系要求和睦多于竞争，金融在人们心中的地位渐渐下降，竞争文化将逐渐被合作共赢文化取代。

人工智能、生物基因技术的发展对人们提出了新的商业道德要求。如果有人利用生物基因技术来做对人类有害的事情，将使人类遭受灾难。这要求在全球范围内建立更好的合作体系，使个人及公司都受到相应约束。

8.3 超级AI复合体中的价值功能计算

对于个人来说，面对复杂的社会体系与知识体系，很难做到样样精通，在面对教育、医疗、住房、保险、银行、股票、娱乐等复杂体系时，就需要拿出更多精力与时间去应对。同时，每个经营单位为了获取更高利益，会做出复杂应对，以获取更多大众利益。消费者与企业或者社会部门之间很难取得互相信任，这样不仅浪费时间，而且很多时候会出现大众焦虑甚至不同利益群体之间的对峙。我们需要一种信任机制，让专业的团队及公司用可以信任的程序及技术来帮助个体与其他公司建立信任，让人们有所依靠。人们需要应用这个机制来提供可以信任的功能服务，以应对医疗、教育、住房、饮食、银行、股票等方面的事物。但对于各行业从业人员及机构来说，又需要对其技能、贡献来进行价值确定，以使其获得足够资源。这些简单愿望的背后需要进行强大的价值功能计算来合理分配资源，同时取得大部分人的信任。

在超级 AI 复合体经济体系中，人们可以通过大数据、人工智能等技术辅助分析各种生产、服务场景之间的数据，以协调不同的利益诉求，甚至解决世界各国之间的贸易平衡问题。

对于市场来说，留住消费者，使其持续性消费是问题的核心，没有消费需求就没有生产的动力。商业的本质是交换。现代人生活压力越来越大，人们在有效工作的同时，还希望自己与家人得到医疗、教育、住房等方面的保障。如果新的商业模式能够通过背后复杂的运作，转换成一个个针对个人的简洁、可信任的流程，就方便多了。

这种简单交换，背后提供支撑的是医疗、教育、就业、住房保障体系。相当于个人拥有了一个强大的支撑体系，能够满足自己最简单的生活需求。而且个人拥有自由选择的权利，基于全球化，我们甚至可以依靠这个简单的系统去国外旅游或者定居。

一个参与者把自己的就业要求、消费需要、创新等都放在一个基于互联网的系统里，结合线上线下，使得互联网商业最后的生态模式变得竞争性极强。在超级AI复合体系统中，国家依据其实行的数字货币激励政策会向为个人提供就业机会的公司注入货币。所有简单化的背后，都拥有各种强烈的潜在应用需求，按照核心原则设计功能，提供服务。

在超级AI复合体经济中，AI复合体变成了一个有机平台，这个平台可满足人们的生产、流通、消费需求。个人与生产、商业模式有机结合。AI复合体就像人们的土地，人们在此平台上劳动，并拥有部分股权，交纳税收，并获得收益。AI复合体呈现多样性，互相连接，提供不同服务与产品。AI复合体中因为有人工智能、自动化的存在，将让人们摆脱繁重、危害健康的劳动，同时可提高生产力水平；对于个人来说，AI复合体将提供更少的工作时间，如一年工作150天，让更多人有机会就业，这样就可以保障就业、改善工作环境及时间、提高生活品质。

5G时代，依据大数据、人工智能分析，会产生一些节能环保又保障生活质量的模式。比如，我们目前的生产消费模式下，在一些领域产生了大量的包装浪费，消耗很多能源，带来污染的同时并没有提高生活质量。比如，我们购买一瓶酱油，其实主要是为了吃到那个品牌的放心酱油，但是我们不得不把灌装酱油的瓶子一起买下来。在20世纪80年代，人们可以拿着瓶子去商店里直接打酱油，那时候酱油瓶是可以重复利用的，但现在为了保障质量及更便利，瓶子成为一次性消耗品。瓶子加工、运输、原材料获取，都提供了大量的就业机会，同时也产生了环境污染和资源过度消耗的问题。在人们环保意识越来越强的今天，类似的过度生产与提供就业机会之间具有矛盾，互联网商业模式并不能解决这种矛盾。

要想解决酱油这类产品在质量和环保上都能兼顾的问题，在5G时代，像生产酱油、醋的工厂，它们离人们的生活区可以很近，如在几千米或十几千米范围内。通过严格、科学的生态功能计算，酱油、醋工厂将有严格的质量程序与监督过程，人们可以通过5G视频、传感器等手段，随时了解生产过程。人们会发现很多生活必需品将采用这种模式生产出来。这种模式下，为便利店或具备了自动化配送设备的住宅区服务很容易实现，酱油、醋依然盛放在桶里（不锈钢或者其他合适材质），消费者直接拿瓶子去灌装，或者选择自动配送上门，而酱油、醋瓶可以重复使用。为保障质量，从配料、加工、检验、运输，一直到送到消费者手里，都要有严格的质量监管体系，让信任机制得到最大程度的发挥。

　　当然，消费酱油、醋的居民可能就是这个链条中的一员，或者直接在酱油、醋的工厂负责一个环节，待在家里的妈妈甚至可以远程操作。人们的日常消费、家具制造、服装生产、住房建筑都在这样的体系之中。一般情况下，我们只参与其中一个环节，但很多人因为好奇，为了了解更多的生产环节，会亲自去学习一些工艺，就可能有多项选择，比如一个月兼职两份工作，或者每隔一段时间就换一个工作环境。

　　比如，一个设计师在服装领域的一个设计引起其他公司的关注，有公司花了几十万美元把他的版权引入后就近生产。他的创意为他攒够了去世界旅游的资本，于是他可以暂时不用工作，或者通过签订减少工作协议，去世界旅游，感受不同的生活。

　　目前的互联网商业模式依赖大量的快递业务，很多商品可能采用单件包装，这就造成了许多的资源浪费，当然也会污染环境。

　　我们的生活中有很多类似的需要考虑环保、节能的现象，但是减少一些生产环节后可能会带来就业机会的减少。此时就需要建立一个规则，使更多的人在其生活质量、就业机会得到保障的同时，能够更加注重节能、环保。

　　如何制订规则，让这种AI复合体产生合理效率？任何问题都需要回到简洁、有效上来，建立真正信任、良性的机制。万物互联时代，人工智能提供了这种可信任工具，使这种模式的实现成为可能。

如果说超级账户内容中提到的个人App是个人连接点，对于影响广泛的互联网模式来说，可信任要么需要技术保障，要么需要一个大的具有互联网生态体系的公司，或者采用新的互联网生态连接组织形式。

AI复合体会产生新的劳动价值衡量体系，劳动价值不再以传统意义上的每个小时或者每个月的工资计算，商品标注的价格可能是能源消耗、生产链条、品质等条件组合在一起后形成的价格。

互联网时代是一个开放的时代，互联网要与传统世界深度融合，传统世界也要接入互联网并进化成AI有机复合体。世界连接得越广泛，越会产生有效协同效应，缔造共赢社会。

迎接价值功能计算需要重新塑造自己的文化及经营机制，这对大部分企业来说，既是挑战，又充满无限的财富机会。

第 9 章 未来的分布式智慧社区

9.1 打造功能城市

为了疏解北京"非首都功能",缓解环境压力,激发创新动力,2017 年 4 月,雄安新区作为"千年大计"横空出世!雄安新区是继深圳、浦东新区之后的又一个国家级规划!

雄安新区属于循序渐进的社会学实验式新区:房住不炒,绿色生态,迁移国有企业总部及部分事业单位,建立科技新区,鼓励教育与医疗协同。

在金融方面,2019 年 1 月 24 日,《中共中央国务院关于支持河北雄安新区全面深化改革和扩大开放的指导意见》对外发布,支持设立雄安银行。

为了推动雄安新区的金融资源聚集,雄安新区将设立雄安银行，加大对雄安新区重大工程项目和疏解到雄安新区企业单位的支持力度；筹建雄安股权交易所，支持股权众筹融资等创新业务先行先试；有序推进金融科技领域前沿性研究成果在雄安新区率先落地，建设高标准、高技术含量的雄安金融科技中心；鼓励银行业金融机构加强与外部投资机构合作，在雄安新区开展相关业务；支持建立资本市场学院，培养高素质金融人才。

如果说首都北京是我国的"大脑"，那么雄安新区就可以称为心脏地带，为中国的金融、健康等机制提供动力。雄安新区可以成为我国金融与民生的保障中心。其中，生态保障是首要任务。一是利用互联网全程调节我国金融、经济，平衡国内区域经济的发展；二是可以在医疗、养老、教育等领域加强研究与实践，提高水平，使其成为国内学习及互动交流中心。这样就会减缓京津冀的城市压力，同时促进国内各区域金融、医疗、教育、养老等方面的快速健康发展，创造更多的就业机会。

雄安新区基于未来 5G 互联网时代，作为功能区域，属于一种社会学意义上的尝试，依据不同的地区特点，设置不同的功能区域将会变得越来越重要。

9.2　社会学试验

在中国过去几十年改革开放的过程中，经济获得了高速发展，这也是一场社会学试验，全球性社会经济试验将是未来发展中的一个重要环节。

随着自动化浪潮的到来，面对机器人抢饭碗的局面，普遍基本收入（Universal Basic Income，UBI）作为社会保障层面的应对方案也获得了广泛支持。

北欧国家芬兰从 2016 年 12 月到 2018 年 12 月，用两年时间做了一个乌托邦社会试验。芬兰政府在国内挑选出 2000 名年龄为 25 ～ 58 岁的失业人员，向他们提供每月 560 欧元（约4300 元人民币）的"普遍基本收入"。该项资金的发放没有任何条件，即无论这些失业者是否重新找到工作，他们都会收到。相比之下，失业金福利则会因为就业状态和收入情况不同而有所变化。

2019 年 2 月 8 日，芬兰政府公布的 2017 年的数据结果显示，相比于照常接受其他一般福利的对照组而言，实验组的年度平均工作时长几乎没有任何提振——前者为 49.25 天，后者仅提高0.39 天，达到 49.64 天。此外，实验组的人均年收入为 4230 欧元，比对照组低了 21 欧元。

结果表明，失业者并不会因为获得了这笔收入而在寻求就业机会方面得到激励。但同时，本实验得出了一个意料之外的研究结果。报告显示，尽管就业情况并未得到明显提振，但实验组人员的主观幸福感较对照组出现了明显的提升，在对未来生活状况改善的信心及寻求工作的兴趣方面均超出对照组 10 多个百分点。

作为一种"乌托邦"式的理念，该理念最早可追溯到中世纪时的欧洲。随着发达国家陆续结束后工业转型，就业机会越来越少，实施这一制度的呼声越来越强，在多个欧洲国家引发讨论。

芬兰社会保障局（Kela）首席研究员 Minna Ylikanno 在一份声明中表示，接受 UBI 的失业者感到"压力症状减轻，集中精力的困难减少，健康问题也更少了。同时，他们对自己的未来更具信心"。

在联合国 2018 年公布的幸福指数排名中，芬兰已经击败挪威和丹麦，成为全球幸福指数最高的国家。而令芬兰人感到幸福的重要原因之一便是该国优越的社会福利条件，其中包括免费的医疗和教育。

芬兰卫生与社会事务部部长 Pirkko Mattila 表示，政府目前无意在全国推行 UBI 制度，但尽管如此，这项实验是成功的。

调查数据可以作为改革现有社会保障制度的参考。

意大利政府也将于 2019 年开始实施"全民基本收入"政策，荷兰乌得勒支市也在进行一项名为"Weten Wat Werkt"的基本收入研究。

实际上，不同国家都曾经或正在尝试在一定程度上实施 UBI 制度，如肯尼亚、纳米比亚、印度和部分欧洲国家。

在肯尼亚西部的一个村庄，一场有史以来持续时间最久、覆盖面最广的 UBI 试验正在进行。在截至 2028 年的 12 年里，有来自 200 个农村地区的两万名成年人每月将获得 22 美元的无条件收入。从 2008 年 1 月至 2009 年 12 月，在纳米比亚的贫困地区 Otjivero-Omitara 进行了发展中国家的第一次重大 UBI 试验，所有 60 岁以下并已登记居住在该地区的居民每月均可无条件获得一定的收入。

项目倡导者对该试验的分析显示：尽管移民数量显著增加，但贫困率和儿童营养不良率下降，创收活动率和儿童入学率上升。居民的平均收入得到了增长，增长幅度超过基本收入的 39%。许多接受基本收入的人都能够创办自己的小企业，如面包烘焙、制砖和服装缝制等企业。

这个试验也为减少犯罪做出了贡献。据当地报告，总体犯罪率下降了 42%。

在印度，2010 年到 2011 年间，非政府组织 SEWA 也在中央邦（印度中部的一个省）开展了一次 UBI 试验。来自 9 个村庄的 6000 多名村民每个月都会无条件得到一笔固定收入，持续时间为 18 个月。试验者发现，与对照组相比，试验组在一系列指标上出现了改善，包括金融包容性、住房、卫生、营养和饮食、健康、教育等方面。区域性发展的不平衡表现在全球范围内，有的地区人口膨胀，有的地区荒无人烟。这些两极化的发展都不是健康、可持续的发展，相关区域的政府也在采取措施应对。

由于日本东京人口数量过于庞大，日本政府正在出台政策奖励那些离开东京的人。近日，意大利西西里岛小镇桑布卡宣布以低至 2 美元的价格出售房屋。西西里岛的另外一个小镇甘吉于 2014 年也曾推出过类似计划，提供了 20 套价格不到 2 美元的房屋。早在 2008 年，澳大利亚新南威尔士州的小镇卡姆诺克，就曾决定将房子免费租给愿意去住的人。有人的地方才有活力，才有经济发展，这是曾经的经济学实践。当然，人口过多也会导致过度竞争，世界各国将逐渐学会建立自我适应体系。

9.3 未来的分布式 AI 生态智慧社区

2032 年的一个星期六早上，7 点；在王老吉小镇，一个名叫李同仁的中年男人被铃声叫醒，他懒散地蹬了一下被子。半小时前，他的妻子张阿丽去小镇森林公园跑步。饭菜已经准备好，小镇上自动化做饭公司给他们送来了昨天晚上点的餐。

李同仁家的房子节能环保，建筑美观度、质量都经过科学验证，理论上可以使用两百年。王老吉小镇因地制宜，光伏与农业生物供应的能源能够满足部分能源需求，很多公司及科学家在努力解决全球生态小镇的能源自供循环问题。每产生一次技术突破，这个小镇都要自我更新一些技术。

李同仁和张阿丽有两个孩子，儿子叫李恒瑞，女儿叫李美康。李同仁与张阿丽的父母都居住在附近一个智慧养老社区，他们的父母会时不时地坐着自动驾驶小汽车过来看他们，偶尔住上几天。他们每次都会带来些养老社区提供的绿色蔬菜、水果。

王老吉小镇上了年纪的人并不都居住在智慧养老社区。有人喜欢居住在小镇，有人喜欢居住在县城、省会，有人还因为各种原因住在上海、北京或者国外。

李恒瑞在县城读大学。他读的是清华 AI 专业，这是李恒瑞在高中就开始选读的专业，通过政府支持的 AR 互联网互动课程来学习。他要想完成课程，必须花两年的时间到雄安清华分校接受集中培训。李恒瑞的目标是毕业之后去他爸爸所在的公司总部，从事算法研究工作，工作地点在雄安或者北京。李恒瑞还可以去欧洲国家，或者美国，那里有公司的产业链，可以享受技术与移民普惠待遇。

清华 AI 专业课程是世界几乎所有大学支持参与的课程，很多课程通过网络免费公开，与一些公司合作，几乎人人可以选修，甚至灵活到高中时代就可以开始学习。但修完课程拿到毕业证，需要经过严格的程序。

李美康还在读初中，她的目标是成为一名医生，也可能高中以后学习音乐、美术。学习将不再是负担，也不用耗费大量精力去参加课余辅导培训。学生们将会把更多的时间用在培养兴趣爱好和提高综合素质上。

嘟嘟嘟……被智能语音电话铃声吵醒的李同仁抓紧起床，来到客厅，点了一下三维投影，看到远在美国的弟弟李同唐与他对话。他与弟弟讨论了一些关于中西医结合的问题，因为观点不同偶尔争吵几句。他的弟弟李同唐以中医医师的身份移民美国，美国逐渐开放可以获得验证的中医治疗方案，来治疗越来越难以治疗的慢性疾病。而生物科学的发展，让中医一些原理获得科学证明，世界各国越来越欢迎中医，同时中医与西医的结合越来越紧密。中医与现代医学只是李同仁的爱好之一，李同仁的实际工作其实是小镇上一家机器加工厂的机器程序师。这家工厂的主要任务是为自动化机器生产零部件。李同仁所在的喜乐公司，通过互联网获取任务，他每年工作的时间一般是200天。由于李同仁所在公司超额完成任务，他今年只需要工作 150 天。李同仁与公司数量庞大的其他员工一样，用技能换取收入。他个人的包括医疗、住房、食品在内的一切消费支出都由喜乐公司承担，他的收入足够支付家庭的消费，且有富余，他还有一定的股权。

喜乐公司是一个超级算法公司，口号是"工作200天，就业、住房、交通、饮食、医疗、养老全保障"。张阿丽是一名小学教师，业余研究反乌托邦模型，一直对喜乐公司有所怀疑。教育优化计划，不仅降低了老师的工作强度，还给学生带来更愉快的体验。但在小学、幼儿园的教育上，配备的老师很多。教育行业就是这样，融入其中就会觉得充满乐趣，有时候老师也会遭遇家长的苛责，还好张阿丽有足够的耐心。

李同仁与张阿丽最近有些不愉快，他们在为漫长的休假计划争论。李同仁事业心很强，休息太长时间对他来说是一种折磨，他准备利用休假时间再做一些事——和朋友去海上搞风电。而张阿丽、李美康具有浪漫主义情怀，她们喜欢周游世界，希望除了要抓紧时间完成学业的李恒瑞之外，全家去加拿大度过几年置换工作时间（喜乐公司有个项目，可以与加拿大一个小镇家庭置换几年），顺便旅游。

喜乐公司是一家全球性公司，股东遍布全球。在过去激烈的全球商业竞争中，喜乐公司创造了不少奇迹，员工越来越多。其独特的发展模式受到越来越多人的欢迎，这给喜乐公司的很多股东带来了亿万财富。

AI 本应该让人类生活得更好，但现实是会导致很多人出现忧虑，担心自己可能被 AI 世界抛弃，永远没有翻身的余地。

喜乐公司的名字源于一个名叫喜乐平安的网友。"喜乐平安"在一家私募公司工作，热爱思考，认为社会与经济学需要重新塑造。他研究社会生物学，同时召集为数不多的各类爱好者讨论问题。

就连华为、中兴这样的高科技企业都不能保证给予员工稳定的生活，人们越来越担心科技与垄断会导致自己失业和贫穷。而喜乐公司恰恰做到了几乎保障每个人的就业机会，让科技为社会及个人服务，而不是掠夺大众的生存机会。它化繁为简，让个人通过简单的参与，提高生活质量，产生生活乐趣。

喜乐公司是人类生态社会学与地球资源结合的产物，在力争减少资源消耗的同时，提高人们的生活质量；结合利用社会主义保障体系与资本主义激发体系，为人们提供保障的同时，激励人们创造财富。

9.4 未来的 AI 智慧老年生活社区

李同仁与张阿丽的父母居住在不远处的一个名叫马尚的社区。这里环境优美，面积有两三千亩，并配有一千亩左右的农业土地。这里拥有 5G、6G 系统，数字化农业、智慧住房、智慧医疗、智慧大脑系统、智慧交通成为标准配置。

人们可以从事绿色安全的农业、轻工、医疗、医药工作，即使坐在轮椅上也能工作，平均一年工作 100 天左右，每天工作时间不超过 6 小时。人们能够通过工作赚到合理的工资，开办有技术含量的轻工业、医药、制药企业能够获得更高的报酬，基本能够满足社区居民的日常生活需求。

智慧老年生活社区的住房按照老年人的需求进行人性化设计，住房面积不大，但智能化程度非常高。很多行动不便的人，可以通过智能轮椅、智能辅助系统自由出入住房、各个社区的公共区域及工作场所。整个社区的建设为居民的方便与舒适着想，人们在公共社区里娱乐、锻炼等都很方便。

在这里，行动不便的老年人可以通过远程操作种植蔬菜、粮食，或者从事其他工作，也可以亲临现场工作。互联网、大数据、智能农业、智能机械设备、智能自动驾驶交通工具为其提供了方便。

这里属于免税特区，国家提供公共养老资金支持社区建设、设备采购等。同时，这里富余的农业产品、轻工业产品、医药产品可以通过互联网商业系统对接附近的消费群体，甚至全国、全世界。在这里，人们只需适度劳动，一方面，可保持精神状态与身体健康，提高生活质量与趣味；另一方面，通过方便的智能自助系统生产产品，降低了社会养老负担。

智慧老年生活社区在食品、医疗、老年教育方面为社区居民提供交流的平台，让居民有事可做的同时，也让居民获取了一些有关慢性疾病的公共健康知识。

9.5 老年生活社区的未来全球合作

日本、欧洲国家早已进入老龄化社会，中国也已步入老龄化社会，我所在的沈阳已经出现了大量老人对传统居住感到不便利的情况。美国也即将进入老龄化社会。养老问题正在成为全球性问题。欧洲国家、美国和日本有很多优势技术资源，各国之间在养老问题上应该很容易达成共识。

试点可行后，智慧养老社区未来将在全国范围内推广。随着社区居住条件的改善、医疗卫生水平的提高及人与人之间交流的深入，老年人不再是国家的负担，他们在社区中可以找到自己的生活乐趣甚至事业，焕发新的活力。

未来，中国的不同省份之间、世界不同国家之间都可以形成养老社区的互动。比如，夏季来临后，气候炎热地区的老人可以去凉爽的地区生活、工作一段时间。而到了冬季，天气寒冷地区的人们可以到气候温暖的地区生活、工作一段时间。这种交流不仅环保、节能，而且可以带动旅游产业发展。国家之间的这种交流也有助于维护世界的和平与安定。

老年人的生活不再是无所事事，他们会告别圈养式养老，拥有高品质的生活、轻松的工作。在成就健康的同时，他们将会更多地享受生活的乐趣。这种新的社会生态也会为全球合作提供有益的探索。

9.6 柳叶刀：亟待建立新的全球食品健康体系框架公约

著名科学期刊《柳叶刀》分别于 2019 年 1 月 17 日、1 月 28 日发布两篇报告，呼吁世界重视全球食物体系的错误，并制定《食品粮食体系框架公约》（Framework Convention on Food Systems, FCFS）。

报告称，目前，有超过 30 亿人陷入营养失调的状态（包括营养不良和营养过剩），粮食生产正在超越地球承载极限，气候变化也在加剧，生物多样性面临威胁，过量使用氮磷肥料导致土壤与水持续受到污染。我们需要为建立健康、公平和可持续的粮食安全体系而采取紧急行动。

《柳叶刀》主编理查德·霍顿（Richard Horton）博士表示："大型国际食品和饮料公司注重短期利润最大化，其主流商业模式将导致高收入国家和中低收入国家过度消费营养匮乏的食物和饮料，并且这一现象在中低收入国家会越来越普遍。在一些国家，肥胖和发育迟缓两大问题在同一儿童群体中的同时存在是一个紧急预警信号，而且气候变化会加剧这两种流行病的恶化。解决'全球共疫'急需我们反思自己的饮食、工作、生活、学习和交通方式，彻底转变到一种能适应我们今天所面临的未来挑战的可持续的和有益于健康的商业模式。"

新加坡《联合早报》报道：全球有 20 亿人口超重，2015 年因肥胖引发疾病间接导致死亡的人数有 400 万；联合国发布的《2018 年可持续发展目标报告》显示，全球营养不良人口数量从 2015 年时的 7.77 亿升至 2016 年时的 8.15 亿，占全球人口的比例从 10.6% 升至 11%。

粮食和食品生产是气候变化最大的影响因素之一。农业的温室气体排放量占所有温室气体排放量的 15% ~ 23%，与交通运输造成的温室气体排放量相当。如果将土地不合理种植、食品加工和废弃物污染等考虑在内，这一比例可能高达 29%。预计未来治理气候变化的投入占全球 GDP 的 5%～10%。低收入国家的投入可能会超过其 GDP 的 10%。预计到 2050 年，全球总人口将达到 100 亿，可持续的食物体系与健康膳食已经成为迫在眉睫的挑战。

自 20 世纪 50 年代中期以来，环境变化的速度和规模呈指数级增长，而粮食生产是造成环境破坏的最大原因，生物多样性丧失、土地和水资源利用及氮和磷循环等方面的承受力达到极限。加强粮食的可持续生产力度，满足全球人口不断增长所带来的庞大的粮食需求，已经成为不可回避的话题。

为了应对这一挑战，膳食的改变必须与改善粮食生产和减少食物浪费相结合。未来应该增加坚果、水果、蔬菜和豆类的全球消耗量。这种膳食结构的广泛采用可以改善人们对大多数营养素的吸收状况。

此前很多科学研究表明，吃全谷物、蔬菜、水果、坚果、豆类这些含有膳食纤维的食物可以改善肠道健康与代谢水平，降低患糖尿病、心血管疾病的风险等。膳食纤维有利于维持肠道菌群健康，可增强肠道屏障功能，维持免疫系统健康，对炎性肠病、哮喘、肥胖和糖尿病等免疫和炎症相关疾病均有益。美国斯坦福大学医学院的 Erica D. Sonnenburg 等人研究发现，饮食中长期缺乏膳食纤维可对肠道微生物产生持续性的不良影响，即使进行饮食干预也难以奏效。

《柳叶刀》报告作者强调，这需要前所未有的全球协同合作，同时应立即付诸行动，为未来可能发生的情况做好准备。例如，重新调整农业重点，种植各种营养丰富的农作物，以及加强对土地和海洋使用的管理。

为建立一个可持续的食物体系，人类既需要改变膳食习惯，通过进行农业技术变革来改善粮食生产，又需要减少生产、生活中的食物浪费。三者要相辅相成，紧密配合，缺少任何一个都不可能达到目的。

报告提出了五项调整人们膳食结构和生产方式的策略。

（1）需要制订鼓励人们选择健康膳食的政策。

（2）需要重新聚焦农业，从生产高产出作物转变为生产多种营养丰富的作物。

（3）持续促进农业发展，同时需统筹当地条件，这样有助于实现因地制宜的农业生产方式，持续生产优质作物。

（4）对土地和海洋的使用进行有效管理，保护自然生态系统并确保粮食的持续供给。

（5）食物垃圾至少减半。

《柳叶刀》主编理查德·霍顿博士说："营养失调是引

起疾病的关键驱动因子和危险因素。然而，这是一个全球尚未解决的问题，其事关每一个人类个体，但又绝非一己之力可解决。"

他继续说："本报告所呼吁的转变不是肤浅的描述，而是提醒大家需要把重点放在复杂的体系、激励措施和管理条例上，同时让社区和各级政府在重新定义我们膳食的过程中也起到一定作用。答案就在我们与大自然的联系中，如果我们的膳食方式既有益于我们的星球又有益于我们的身体，那么地球的生态平衡就会得到恢复。恢复大自然的多样性是人类生存条件改善的关键。"

2019 年 4 月 3 日，联合国人类住区规划署（简称"人居署"）与腾讯在联合国总部纽约共同举办主题研讨会，探讨地球所面临的最基础的挑战，以及如何利用 AI 等新兴技术来解决这些问题，高效实现可持续发展目标。

联合国人居署执行主任 Maimunah Mohd Sharif 表示："世界五分之一的人口正居住在严重缺水地区，而未来城市对于食物、能源、水这些基础资源的需求是前所未有的。我们需要鼓励通过科技创新来解决未来城市所面临的挑战。联合国人居署希望把国家和城市的管理者、国际组织、科技企业等不同领域的伙伴联合起来，让创新的想法成为现实，共同为城市的可持续发展提供可行的解决方案，实现真正的城市变革。"

腾讯首席探索官大卫·沃勒斯坦（David Wallerstein）在 2018 年腾讯 WE 大会上就曾率先提出，腾讯将打造"会救命的 AI"，并利用 AI 技术解决地球级挑战："科技的发展必须用于解决地球所面临的最大挑战，我称之为 FEW（Food，Energy，Water），也就是食物、能源和水资源。这些问题是人类未来需要面对的最重要、最基础的问题。"

在研讨会上，来自亚洲、北美洲、欧洲的科技初创企业代表介绍了如何利用新技术为地球级挑战提供分析和决策支持。其中，由腾讯领投的以色列科技公司 Phytech 研发出了一种针对农作物的物联网技术，通过在农作物周边安装传感器，记录农作物生长数据和气候、土壤等环境数据，并在云端进行汇总、分析，从而为种植户提供可操作建议。数据显示，该系统平均节约 20% 的水资源，提高 20% 的生产率。目前，以色列已有约 60% 的番茄种植户和 40% 的玉米种植户使用了这一系统。

"人工智能应该开始为大自然思考，而要解决这些地球所面临的重要问题，需要建立新一代大自然模拟系统，让人工智能为解决生态问题做出最优的决策。"腾讯公司副总裁、腾讯 AILab 负责人姚星介绍了腾讯人工智能的能力，以及面对水、食物、能源等挑战时的战略思考，"在食物方面，人工智能分析与环境温度、降雨量、土壤盐分、营养、病虫害、商品价格等相关数据相结合，可以提升农作物产量，并帮助农业从业者合理规划生产种植；在能源方面，人工智能可以预测能源需求，帮助调度能源供应，协调清洁能源生产等；在水资源方面，人工智能可以优化生产和家庭用水、预测水资源供应以及监控水质等。"

杨玉峰（亚洲开发银行高级能源政策咨询专家）表示，人工智能正在深化全球粮食、能源、水的纽带关系，并正使传统农业发生重大变革。首先，人工智能和互联网技术等数字技术的大规模使用在进一步提高传统农业效率的同时，正在为农业及其相关产业（如食品、营养、健康、养老等）提供精准服务；其次，人工智能和互联网技术正在助力城镇有机生态农业的崛起，城镇有机生态农业必将成为未来城镇的新业态，在做到充分利用有机废物、有机废水，节能，节水的条件下，还可以解决一部分城镇居民对有机蔬菜和水果的需求。

蔡雄山（腾讯研究院专家研究员）表示，技术创新与进步，尤其人工智能的应用，将助力 FEW 问题的解决，科学技术是第一生产力，有无限的探索可能。同时，我们不可忽视的是，制度建设也是生产力。在人工智能时代，如何制订政策促进创新，是国际社会需要考虑的问题。当前人工智能技术发展迅速，很大程度上依赖数据，数据是人工智能时代的石油和天然气，但目前数据权属、数据跨境流动、数据保护等规则仍在探讨之中。总体而言，新经济、新技术带来新挑战，呼唤新规则，也带来新希望。

第四部分

全球数字化治理与共生经济

第 10 章 全球数字规则的改变

互联网对个人隐私形成了严重侵犯，欧盟对谷歌开出了巨额罚单，全球范围内的跨国超级公司掌控了许多个人数据，个人、公司、国家之间，一场数据权利的博弈正在上演。而每一次的互联网升级，都会有超级企业破产、衰败，都会有新的企业适应、崛起。

随着人工智能的发展，社会上出现了从音频到图片、视频的以假乱真现象。如何避免人工智能对个人及社会造成危害，如何确立边界，将是未来需要长期讨论的一个问题。

10.1 全球数字监控风暴

除了中国加大了互联网对个人隐私的侵权监督力度外，近两年来，世界上的许多国家及地区也都开始对互联网企业进行约束。这一方面是由于互联网企业对个人隐私的侵犯、数据潜力的利用及滥用、信息骚扰及利益搜索引导问题；另一方面是由于大企业存在垄断，阻止新企业的创新，各个互联网巨头对中小企业、传统企业进行剥削及压榨。

在欧洲，2019 年 3 月 21 日，谷歌因为涉嫌在在线广告领域实施垄断，欧盟对其处以 14.9 亿欧元的巨额罚款。这是自 2017 年以来，欧盟对谷歌开出的第三张罚单。三张罚单的总金额已超过 80 亿欧元。2018 年 7 月，欧盟以谷歌违反反垄断法为由对其处以高达 43.4 亿欧元的罚款。谷歌已提起上诉，并宣布将改变手机操作系统（安卓）的许可政策，欧盟的安卓设备制造商如果使用谷歌开发的移动程序，必须支付额外的费用。

与苹果公司手机等移动设备的操作系统不同，谷歌的安卓操作系统向消费者和生产企业免费开放，但需要捆绑谷歌搜索等软件。谷歌正是利用其强大的搜索能力与几乎垄断的地位来获得颇丰的广告收益的。使用谷歌安卓操作系统的手机上一般需要加载谷歌移动服务（GMS），其内含谷歌一些程序及服务，如 Google 搜索、Chrome 浏览器、YouTube、Gmail、谷歌地图、谷歌相册、谷歌云端硬盘等。

而欧盟指控谷歌涉嫌垄断的理由是，谷歌强迫使用其操作系统的制造商安装谷歌搜索与 Chrome 浏览器，并把谷歌搜索设为默认搜索引擎；强制规定安装 GMS 的制造商不得使用未经谷歌授权的安卓版本（Android 分支）。

谷歌对此的回应是：一方面，未来欧洲经济区安卓制造商也可以通过安卓分支设备分销谷歌移动应用程序；另一方面，需要授权安装谷歌移动程序的欧洲经济区设备制造商可以不安装谷歌搜索或 Chrome 浏览器，谷歌将宣布对欧洲经济区的操作系统收取费用，并为谷歌搜索和 Chrome 浏览器提供单独的授权。

2019 年 4 月 7 日新浪财经消息，欧盟反垄断机构将于 2019 年 10 月前对亚马逊启动全面调查，欧盟委员会反竞争专员玛格丽特·维斯特格（Margrethe Vestager）向媒体表示，欧盟可能就亚马逊的数据操作行为在未来几个月内启动全面调查，并表示调查已进入"高级"阶段。她说："很多企业都花了大量时间和精力给我们提供数据，以便回答我们的问题。因此，我们非常仔细地讨论这个问题。但是，正如我所说的那样，我们已经取得了进展，我希望能在我任期结束前完成第一阶段的工作。"维斯特格的任期将于 2019 年 10 月份结束，这意味着在 2019 年 10 月份之前，欧盟就可能启动对亚马逊公司的全面调查。在维斯特格发言之后，亚马逊为了避嫌，很快就在自家官网上移除了一些显眼的自有品牌产品广告。在美国，有关加强监管甚至拆分亚马逊和科技巨头谷歌的讨论已经成为热点。

2019 年 3 月初，美国民主党总统候选人伊丽莎白·沃伦 (Elizabeth Warren) 的一篇文章受到广泛关注与讨论。沃伦认为亚马逊、谷歌和脸书已经积累起足够巨大的力量，主张对科技行业进行结构性改革。

北京时间 2019 年 3 月 19 日，据美国财经媒体 CNBC 报道，密西西比检察长吉姆·胡德（Jim Hood）表示，因为谷歌掌握了"大量"数据，要对谷歌发起类似 20 世纪 90 年代针对微软的反垄断诉讼。胡德希望大型科技公司在处理用户数据时，可以采取类似于欧盟数据政策的最佳惯例。胡德说："根据消费者保护法，我们检察长有权对谷歌发起诉讼并质疑其隐私惯例。未来的某一天，最终审判终将到来，要么在国会上，要么在法庭上。这将是一起多方面的诉讼，希望我们可以与他们达成一定的协议，争取和解。"

胡德还提到了密西西比州在 2017 年针对谷歌挖掘公立学校学生数据的未决诉讼。他认为，谷歌对学生信息进行剖析，以获得竞争性广告优势。除了胡德，还有几名州检察长在接受《华盛顿邮报》采访时，也提到他们有意向对脸书、谷歌和其他科技巨头采取行动。

2019 年 9 月 10 日，得克萨斯州总检察官肯·帕克斯顿 (Ken

Paxton)宣布，美国的 50 名总检察官正在参与对谷歌涉嫌从事反垄断行为的调查。帕克斯顿召开新闻发布会称，谷歌在广告市场和消费者数据使用方面占据着主导地位。

"当不再有自由市场或竞争时，即使某些东西被宣传为免费的，其价格也会被抬高，从而损害消费者的利益。"共和党人、佛罗里达州总检察官阿什利·穆迪（Ashley Moody）说道。如果我们提供越来越多的隐私信息，那么那些东西真的还是免费的吗？如果在线广告被一家公司控制而导致其价格上涨，那么真的还会有免费的东西吗？

亚利桑那州检察长马克·布尔诺维奇（Mark Brnovich）在接受采访时表示，他将这些公司比作旧时的垄断企业，认为这些企业控制着渠道，就有责任保护这些信息及其他较小的公司。

20 世纪 90 年代末期，微软涉嫌垄断，美国联邦政府曾经对其发起诉讼。微软曾经把 Windows 98 操作系统和 Internet Explorer 浏览器捆绑在一起，限制浏览器竞争对手的发展，最后微软通过降低自己网页浏览器的优势地位，进行了妥协。

谷歌在发送给 CNBC 的声明邮件中表示："隐私和安全根植于公司的一切产品，我们将继续与州检察长就政策问题进行建设性讨论。"

2018 年 3 月，社交媒体巨头脸书因 8700 万用户数据泄露一事，引发全球舆论关注。美、英媒体曝光，英国剑桥分析公司曾利用脸书平台的一个程序，获取脸书大量用户的隐私数据，用于有针对性地向选民投放政治广告，涉嫌干预 2016 年美国总统选举及英国"脱欧公投"等事件。除此之外，洲际酒店集团旗下超过 1000 家酒店发生支付卡信息泄露，全球 11 个国家的 41 家凯悦酒店支付系统被黑客入侵等。随着近年来国内外爆发的大量个人数据及个人信息泄密事件被揭露，个人信息安全问题正成为全球关注的重点。2019 年 7 月 12 日《纽约时报》报道，因剑桥分析公司 (Cambridge Analytica) 获取了脸书社交网站用户的个人信息，美国联邦贸易委员会 (FTC) 已批准对脸书处以约 50 亿美元的罚款。这是迄今为止美国联邦政府对科技公司开出的最高罚单。不过，仍有批评人士对此表示不满，认为这只是一次"轻微的惩罚"，甚至讽刺其为提前送给脸书公司的"圣诞礼物"。

为了应对危机，2019 年 3 月 6 日，扎克伯格宣布了脸书的下一个发展重点。除了在其公共社交网络上销售定向广告这项现有的盈利业务之外，脸书正在围绕 WhatsApp、Instagram 和 Messenger 建立一个"专注隐私安全的平台"。扎克伯格说："脸书将整合这三个应用，并为三方之间发送的消息提供端到端加密，就连脸书自己也无法读取。"他虽然没有明确说明，但这个大平台将采用的商业模式显而易见。扎克伯格希望各类企业都能利用脸书的消息传递网络来获取服务并付款，脸书则从中抽成。

2012—2014 年，脸书收购了两个快速发展的通信应用 WhatsApp 和 Instagram。随着智能手机的普及，脸书市值从 2012 年底的大约 600 亿美元一路飙升到 2019 年底的 5000 多亿美元。

因为信息是加密的，所以脸书无法看到内容。但是元数据，也就是说，谁和谁交谈、在什么时间、交谈了多长时间，脸书是知道的，应用软件仍然允许脸书精确地投放广告，这意味着它的广告模式仍然有效。

端对端加密将使脸书的业务运行成本更低。因为从数学上说，加密的通信是不可能的，所以公司将有借口对应用程序中的内容承担更少的责任，从而限制其成本。

脸书在印度的计划为为最常用的即时通信应用 WhatsApp 建立了一个支付系统，该系统正在等待监管机构的批准。有媒体认为，脸书的这些改革可能会因为便利性增强而吸引更多的用户。如果它能够做出改变，脸书在消息传递方面的统治地位可能会更稳固。更加一体化的脸书带来了新的用户利益，这可能会让监管机构更难拆分扎克伯格的公司。

虽然脸书此前被罚款 50 亿美元，但在各州总检察官对谷歌发起调查之际，脸书也同样面临着由纽约州总检察官莱蒂夏·詹姆斯（Letitia James）领导的反垄断调查。该调查的参与者为 7 个州的总检察官及哥伦比亚特区的总检察官。华盛顿特区总检察官、民主党人卡尔·拉辛（Karl Racine）在一次新闻发布会上表示，这两项调查是否会"协同扩张还有待观察"。

10.2 欧盟《通用数据保护条例》（GDPR）

经过几年的酝酿，2018 年 5 月 25 日，欧盟《通用数据保护条例》（GDPR）正式生效。这项法律涉及知情权、访问权、被遗忘权、数据可携带权、拒绝权和限制处理权等。

GDPR 一方面扩大了个人数据的范围，另一方面强化了个人数据保护及使用权利。GDPR 重新定义了个人数据：个人数据是指任何指向一个已识别或可识别的自然人（数据主体）的信息。该自然人能够被直接或间接地识别，尤其是通过诸如姓名、身份证号码、定位数据这类标识，或者通过该自然人一个或多个如物理、生理、心理、经济、文化或社会身份要素。

对揭示种族或民族、政治观点、宗教或哲学信仰、工会成员的个人数据，以及以唯一识别自然人为目的的基因数据、生物特征数据、健康数据、性生活或性取向数据的处理应当被禁止。

适用于GDPR的个人数据包括姓名、身份证号码、电话号码、导航定位数据、在线身份识别数据，以及个人敏感数据，包括种族、性别、性取向、政治倾向、宗教信仰、基因数据、生物识别数据（如人脸图像或指纹识别数据）、有关健康的数据（如医疗状况、犯罪记录）。

对于互联网企业及其控制者来说，应当采用标准化的图标，以简洁明了、清晰可视、流畅易读的方式向数据主体提供信息。这些图标以电子方式呈现，这样就可以以机读的方式进行信息读取。

GDPR增强了个人对数据的控制权，明确了特殊类型数据的禁用原则，包括个人对数据的知情权、访问权、限制处理权、拒绝权、可携带权、被遗忘权等规定。其中，可携带权和被遗忘权是两种创新性权利。

被遗忘权也称删除权。根据GDPR的规定，该权利是指用户有权要求互联网企业及使用个人数据的企业删除个人数据的权利。一旦用户要求删除个人数据，收集个人数据的企业，有义务告知其他正在利用该数据的企业用户。另外，针对出于公益的目的或者基于法律规定不宜删除的个人数据，用户要求删除的请求并不会被满足。

GDPR 强调数据主体的数据可携带权。数据可携带权是指数据主体（个人或者企业等）有权将一个数据控制主体中的个人数据转移到另一个数据控制主体中。比如，推特、脸书的用户有权把其账号中的文字、照片及其他资料转移到其他社交平台上。该权利还涵盖云计算、手机应用等自动数据处理系统。数据可携带权本质上允许用户做出多种选择，甚至把能获得收益的权益提供给多家企业，在扩大自己权益的同时，也容易让新数据企业获得机会。

针对互联网等企业用户画像的限制如下。用户画像不等同于简单地收集信息，而是利用个人身份、工作、购物、搜索等信息，综合运算的结果。掌握了大量个人数据的互联网企业可以借助大数据，利用人工智能来完成用户画像，并实现自主决策。当然，用户行使反对权后，企业就应当停止用户画像。针对机构依据用户画像进行以营销为目的的数据利用，个人同样有权提出反对。这对于企业来说，需要向用户解释其人工智能和其他算法的目的，人工智能算法的"黑箱"需要在一定程度上透明化。个人数据因为直接营销的目的被处理的，数据主体应当有权利拒绝任何时间下的有商业目的的个人数据访问申请。

GDPR 还为企业的人力提供了建议，不管是否为欧盟成员国的企业，如果在欧盟区的雇员超过了 250 人，企业团体就可以在企业指派数据保护人员的情况下任命一个独立的数据保护人员。欧盟成员国均已设立监管机构——数据保护局，这个机构将对各国 GDPR 的执行状况进行监督。

政府也受到了 GDPR 的约束。政府作为处理欧盟地区个人数据的"公共当局"，属于 GDPR 规范的行为主体之一。在 GDPR 的主要目标中，也包括限制政府对个人数据的搜集和使用。

GDPR 引起了世界各国的热切关注，频频出现在互联网数据保护方面的讨论中，代表了全球在个人数据及企业数据使用规范立法方面的潮流、趋势。美国也在向欧盟靠拢。在脸书 CEO 扎克伯格现身美国国会接受数据泄露丑闻事件质询时，美国民主党领袖弗兰克·帕隆（Frank Pallone）就曾建议进行"全面的隐私和数据安全立法"，将其作为在社交网络上出现外国干扰时"保护我们的民主"的步骤，国会议员们也反复提及 GDPR。

电信与互联网分析师马继华认为，就如欧盟绿色环保标准逐渐被其他国家接受并推广一样，GDPR 的出台也会为世界其他国家和地区提供参考和借鉴。我国于 2019 年 5 月 1 日实施的推荐性国家标准《个人信息安全规范》就参照了 GDPR，如其

中 "数据控制者" 的概念。

据欧盟的消息，GDPR 的全球示范效应正在显现。日本、韩国、印度和泰国已着手基于该条例构建本国的互联网数据保护规范。

10.3 人工智能的伦理问题

科学家们有个令人震惊的发现，在安第斯山脉一个偏远的未被开发过的山谷里，生活着一群独角兽。更加让人讶异的是，这些独角兽说着完美的英语。

这些生物长着独特的角，科学家们就以此为它们命名，叫 Ovid's Unicorn。长着四只角的银白色生物，在这之前并不为科学界所知。

现在，过了近两个世纪，这个奇异的现象到底是怎么被发现的，谜底终于解开了。

来自拉巴斯大学的进化生物学教授 Jorge Pérez 和他的几个伙伴，在探索安第斯山脉的时候发现了一个小山谷，这里没有其他动物，也没有人类。

Pérez 注意到，这山谷看上去曾是喷泉的所在，旁边是两座石峰，上面有银白的雪。

Pérez 认为，这些独角兽起源于阿根廷。在那里，人们相信这些动物是一个消失种族的后裔，在人类到达之前，这个种族就生活在那里。

虽然，科学家对这些生物的起源还不清楚，但有些人相信，它们是一个人类和一个独角兽相交而诞生的，那时人类文明还不存在。Pérez 说："在南美洲，这样的事情是很常见的。"

然而，Pérez 也指出，要确认它们是不是那个消失种族的后裔，DNA 检测可能是唯一的方法。"不过，它们看上去能用英语交流，我相信这也是一种进化的信号，或者至少也是社会组织的一种变化。"他说[①]。

这是一则假新闻，开头的第一段是人类写作的，而后写作的是人工智能。这是由 Open AI 发布的名叫 GPT-2 的语言 AI 写手编写的新闻，整个模型包含 15 亿个参数。

这个 AI 写手不仅能写文章，而且无需针对性训练就能完成特定领域的语言建模任务，还具有阅读理解、问答、生成文章摘要、翻译等能力。因为这则假新闻实在编得太真实，Open AI 都不敢放出完整模型。研究者们还发现，GPT-2 竟然还学会了好几种编程语言。纽约大学工程学院的助理教授 Brendan

① 资料来自公众号"量子位"。

Dolan-Gavitt 发现，GPT-2 在学会写英文的同时，还悄悄学会了一些 JS 脚本语言（目前还不太成熟）。AI 正在创造一个独特的虚拟（虚假）信息世界。除了编写故事，AI 还能合成声音，替换视频中的人脸，随机生成现实中不存在的人脸图像。2019年 2 月，有人在一个著名武侠剧片段里，用一个明星人脸图像替换了原来的人脸图像，真假让人无法分辨。

这引起了网友们的讨论，有人认为有侵权的嫌疑，也有人对技术被滥用表现出恐慌。前不久，一个名为"This Person Does Not Exist.com"的网站，因为创建虚拟人脸图像而引起媒体及网友的关注。这个网站的创建者 Philip Wang 是一名 Uber 的软件工程师，他利用英伟达 2018 年发表的研究成果，基于大规模真实数据，创建了无穷尽的假肖像图集，然后使用生成对抗网络（GAN）来制造新的图像。人们每次刷新网站时，只需大约 2 秒，网络就可从 512 维向量中从头开始生成新的人脸图像。英伟达的数据库中还包含了猫、汽车和卧室的预训练模型。同时，研究人员还尝试生成了动漫人物、字体及涂鸦。

继假猫、假人生成网站后，一个假的租房网站又在 Reddit 上火了。网站上的房间图片、文字描述、发布人头像全由计算机自动生成，虽然目前图像质量和文字逻辑仍显粗糙，但无疑再次展示了生成模型的无限可能。

2018 年 1 月之前，英伟达就在芬兰的一个实验室里建立了一个系统，通过分析成千上万的真实的名人照片来创造类似的新图像。该系统还能生成动物、植物、公交、自行车等常见物体的逼真图像。

谷歌和脸书这样的公司及许多人工智能实验室，通过分析海量数据来学习任务的算法，已经建立了能够识别人脸和普通物体的系统。虽然英伟达的图像暂时无法与顶级相机的图像分辨率相媲美，可能还存在模拟漏洞，但这些图像的清晰度已经很容易把大部分人欺骗。

2016 年 3 月 15 日，谷歌人工智能"阿尔法狗"（AlphaGo）打败围棋世界冠军李世石。2017 年 5 月 27 日，其又打败围棋世界冠军、中国天才围棋选手柯洁。

2017 年 10 月 18 日，升级版的 AlphaGo Zero 在自学三天完成了近 500 万盘的自我博弈后，已经可以超越人类，并击败了此前所有版本的 AlphaGo。AlphaGo Zero 系统一开始不具有围棋技能，只是通过神经网络强大的搜索算法进行自我博弈。随着自我博弈的训练增加，神经网络逐渐升级并提升了预测下一步的能力，最终赢得比赛。更厉害的是，随着训练的深入，AlphaGo Zero 还独立发现了新的游戏规则，采用了新策略，对围棋产生了新的见解。

AI 系统可以语音合成播音，逼真模仿电视台主持人，生成假人脸图片，生成假新闻故事，制作音乐，生成假的房屋及家居照片。如果 AI 学会编程语言，并通过自己的方式交流进化，那么它有可能会创造一个属于自己的"信息世界"。

霍金曾警告过人类："人工智能的全面发展将宣告人类的灭亡。"人们担心人工智能奇点的到来，这让人们充满焦虑：生产过剩是否会导致贫穷？工业自动化是否会导致失业？AI 机器是否会导致人类灭亡？

未来是否充满善意，人类是否能够掌握自己的命运，人类是否会与自然生态环境互相适应，工业化、高科技是否会给人们带来舒适的生活，而不是剥夺人们的生活自主权、就业与生存权等都是未知数。

第11章 数字权利趋势及共生经济原理

人工智能带来超级生产力，大部分人可能面临新的就业危机。传统的经济学只有经过修改，才能适应未来数字经济时代的要求，而全场景数字化涉及整个经济领域的理论重新塑造问题，如个人隐私伦理、互联网公司数据权利、个体参与权等。

11.1 个人隐私的未来趋势

欧盟《通用数据保护条例》（GDPR）正式生效意味着对未来数字权利的重塑。对于互联网企业来说，数据即财富，世界各国开始纷纷将其作为参照应对国内外互联网数据治理的问题。

这也是华为认识到国际发展趋势后，呼吁全球应该加快实行统一数据标准的原因，并鼓励推动建设第三方数据监管机构，让隐私安全与道德的遵从有法可依。

在个人隐私方面，本书提出与超级账户和万维网之父、麻省理工学院教授蒂姆·伯纳斯 – 李一样的理念，就是开发个人掌握的 App，把个人数据掌握在自己手中。

其核心概念是一个个人数据存储系统，用户可以将其在网上产生的数据储存在自己的 App 中，而不是互联网公司的服务器上。这样包含身份证、联系人、照片和评论等在内的所有数据都由个人掌握，用户可以随时新增或删除数据，授予或取消他人读取或写入数据的权利。这样一来，用户不再需要以牺牲个人隐私、数据自主权的方式来交换互联网公司提供的免费服务。

用户可以将个人 App 数据储存在自家的计算机或者专门的服务供应商那里。而每个人或者公司都可以通过 App 开源接口，成为个人服务供应商。

当然可以按照伯纳斯 – 李教授的方法，选择个人数据存储系统 Solid POD，也可以根据本书建议，比如采用华为的芯片与软件相结合的技术，甚至从鸿蒙 OS 操作系统底层构建超级个人 App 账户体系，做出专业级别的芯片与软件操作系统安全体系。

对于其数据有自己的存储系统，或者专业第三方哪个更加安全方便，需要共同讨论与确定互联网技术标准。

11.2 互联网企业数据权利的未来趋势

按照欧盟《通用数据保护条例》（GDPR）及美国政府对互联网巨头的约束，互联网企业的数据权利将成为未来的核心焦点，面临以下问题。

（1）具有垄断性质的互联网企业依据个人消费、生活、隐私、存储的数据及平台是否属于公共性权益问题，是否由第三方专业数据公司负责，或者有第三方监督。

（2）大型互联网企业是否涉嫌垄断、遏制创新、与中小企业竞争中存在不公平问题。中小企业是否有权利参与互联网企业数据及链接提供服务，以什么方式参与。

（3）互联网企业如何获得个人数据，如何保障个人数据安全，自身权益如何获得平衡。

便利与简洁依然是未来个人用户的需求，全场景、无所不在的互联网及云 AI 智能，需要一个数据全场景融合的框架接口。这意味着传统互联网巨头需选择是开放接口迎接未来，还是被全场景淘汰。

面对复杂的互联网，未来人们不在乎购买谁家的商品、服

务，也不在乎在什么公司就业，但这提出了更高的要求，需要
提供产品及服务的公司塑造更有品质的场景。

所有这些都需要全场景体系背后的互联网企业提供服务，
打破传统数据的隔离融合，重新塑造新的商业价值。

11.3　共生社会经济学原理

我在 2018 年发表过一篇关于共生社会的文章。

提到共生经济，华为认为：无论人们处于哪个国家或地区，
文化与语言是否相通，数字与智能化都将惠及全球各个行业，
各个国家或地区的企业都有机会在合作开放中共享全球生态资
源，创造出价值更高的智能商业模式。

华为打造未来互联与计算全场景，本书涉及的个人 App、
数字金融、超级 AI 复合体经济恰恰是从经济学角度，从基础上
打通个人、各个行业与互联网企业的边界，建立更加有效的社
会经济学。

通过这些新的理念，宏观经济学中的凯恩斯主义完全可以
通过人工智能、数字科技与微观经济学打通。

这是一场深度经济学塑造，需要工业、农业服务业深度融合，
重新定位。

如何看待并定义未来，将决定 5G 互联网的主要发展方向。这不仅关系到未来的互联网经济、数字经济、人工智能、企业的模型，还涉及未来人们的生活方式。个人如何获益，人与人工智能、自动化机器之间的定位，将深刻影响未来经济学中的决策问题。

互联网、人工智能、区块链，共享经济领域每天都会出现新的热点。互联网经济降低了交易成本，改变了商业生态。传统商业受到伤害，增加了运输、包装成本，却没有降低对环境污染的影响。

人们又在焦虑，在人工智能的冲击下，好像只有少数人才能获利。像谷歌人工智能打败围棋大师，智能化与自动化的公司会获得多数财富。这种对生存的忧虑也开始在中产阶级中蔓延。

2019 年 3 月 12 日，据腾讯科技消息，美国消费者新闻与商业频道（CNBC）的记者大卫·费伯对近几年斥资千亿美元，专注人工智能与未来远景基金的软银首席执行官孙正义进行了独家采访。关于人工智能，孙正义是这样认为的。

未来 30 年，人工智能将是人类历史上最大的革命，大量生产工作将由人工智能完成，如种植蔬菜、捕鱼、饲养牲畜都可以由智能机器人完成，因为有可再生能源，电的成本几乎为零，房子也会因为由人工智能建造完成将变得非常便宜。

　　未来，人们会有一个基本的收入，让其生活下去。要想获得更精彩、更丰富的生活，我们必须竞争。竞争可以使我们获得更多的刺激，这将是创新和发展的动力。

　　更多的人将从事喜欢的工作，如美术、音乐等具有创造性的工作。人们将互相帮助，讨论问题并获得启发。

　　在 30 年内，人们的生活肯定会变得越来越好。生活节奏会变得更快，而不会出任何意外，我们将活得更长、更健康。我们过去无法治愈的疾病将会被治愈。

　　2019 年 9 月 26 日，在华为深圳总部开启了"与任正非咖啡对话（第二期）"，主题为"创新、规则、信任"，主持人为 CNBC《管理亚洲》主播 ChristineTan。

　　除了任正非之外，还有三位嘉宾，分别是：全球顶级计算机科学家，人工智能专家和未来学家，畅销书《人工智能时代》作者杰里·卡普兰（Jerry Kaplan）；英国皇家工程院院士，大英帝国勋章获得者，英国电信前 CTO 彼得·柯克伦（Peter Cochrane）；华为公司战略部总裁张文林。

　　关于人工智能，任正非之前一再表示，在人工智能面前，5G 只是一个小角色。关于人工智能、美国政府信任、欧盟数据法案GDPR、数据隐私问题，任正非、杰里·卡普兰、彼得·柯克伦、张文林四位嘉宾进行了高水平的讨论。

主持人与观众席媒体提问："人们担心人工智能会取代自己的工作，大数据是否会导致人类不平等？"

任正非的观点如下。人类社会今天处在电子信息技术爆发的前夜。人工智能在这时有可能会被规模化使用，但对社会的促进作用还有待确认。未来20~30年，电子信息技术会产生突破。

人工智能将会给社会创造更大财富，会影响和塑造一个国家的核心变量，我们要将其变成国家的发展动力。这个时代的到来会给社会带来繁荣。我们曾经历工业革命时代，一个技术工人只用接受中等教育即可，而人工智能时代需要提升基础教育的投入。我认为，人工智能时代会给人们带来更多机会，人们会创造更多财富。

人工智能会使国家的差距变大，其基础是基础教育和基础设施。人工智能的发展需要大型数据计算系统和连接系统的支撑，数据计算系统间没有连接，就像只有汽车没有马路，是不行的。所以，我们要制订规则，富裕国家要帮助穷困国家，使得技术能够共享。

彼得·柯克伦的观点如下。这可以让人工智能来决定。目前，人工智能主要关注的还是任务的处理，我们已经有了通用计算，但人工智能还无法作为一种通用技术来使用。但我希望通过我们的宏伟计划从宏观上让大家了解这个情况。我们应该怎么做？首先，我们应该试着打造可持续发展的社会。要实现这一点，我们必须打消改进和提升现有技术的想法，因为这一想法无法解决问题。我们需要变革，变革的技术范围涉及生物技术、纳米技术、人工智能、机器人技术及物联网技术。

任何为未来而生的技术都需要能够被回收、改良和再利用，而实现技术编排的唯一方式就是通过物联网。此外，我们还要解决一个巨大挑战。我们必须停止为少数人生产越来越多的产品，而需要开始为多数人提供数量刚刚好的产品。否则，人们就没法在这个星球上公平、稳定地生活。

这个星球有足够的资源支撑每个人活下去，但今天的技术会让我们摧毁生态系统。因此，要实现可持续发展，唯一的方法是改变我们目前的生活和工作方式。

杰里·卡普兰的观点如下。简单地讲，人工智能就是自动化。正如卡尔·马克思所理解的，自动化就是消除人力成本。因此，拥有资本的人能够获得这项技术的主要经济收益。和其他形式的自动化一样，人工智能也将加剧社会的贫富分化。我们需要做的是不要让社会政策为经济服务，而要让经济政策为社会目标服务。我们应最大限度地提升社会整体的幸福感，而非只为了少数人的利益服务。

任正非、杰里·卡普兰、彼得·柯克伦、孙正义在展望未来人工智能对社会的影响时，都认识到需要制订新的经济学规则，来适应未来人工智能的世界。

未来，随着生产力水平的提高，传统行业不能提供充足的就业岗位，个人无法对抗超级互联网公司对就业的要求，公众需要稳定的收益，这需要重新定位人力资源，需要新的组织形式来配合这种转变。未来，人们需要需要关注人力资源服务组织，大部分人可能不再就职于某个具体公司，而是依靠人力资源服务组织参与到生产、服务及分配之中。

过去的两百年，工业与科技从来没有产生如此大的影响，但过去社会达尔文主义一直影响着社会学。是否重新认识社会学，从而修正经济学，也许随着对社会学的重新认识，人类未来能够自我设定。

人类社会形成及人类文明发展已有几千年的历史，在科技驱动之下，世界各国只用了一百年左右的时间，就超越了过去几千年人类的生产力水平。

人类强大的工业生产能力，还没有发挥到最大作用。发达国家面临各种矛盾，很多发展中国家依然在寻求稳定中挣扎。

伴随着经济发展、环境污染、气候变暖、人口膨胀、地区冲突，全球照样治理失衡，好像不仅仅是经济模型出现了问题。

人类社会的工业活动，影响的不仅仅是人类之间，还涉及人与环境之间、人与地球生态体系如何相处的问题。我们需要建立新的经济学模型，向生物学界学习新的智慧，重新寻找我们的思维体系。

如果我们把个体看作整个社会体系的一个细胞，很多事情如何梳理就会一目了然。让每个公民都受到社会的照顾：个人好比社会中的细胞，需要生存和得到供养，让细胞发挥作用。作为国家经济动脉的金融系统好比人体的血液，流经身体的时候，并不是要把营养送给每个细胞，而是通过淋巴系统和其他系统来进行供应。也就是说，金融系统必须遍布全身。因为要照顾的是细胞功能群的微观系统（企业或者企业群），所以让金融货币到达每个细胞是不正确的。但是我们可以让个人加入到微观群（企业或者社区）里，通过货币与一种保障系统进行交换，如微观层面的就业保障系统、住房医疗保障系统，使个人通过货币进行交换，使社会实现正常的运转。而我们的金融系统需要保证金融血液到达每个功能单元，也需要对血液进行过滤、再造与兑换。如果把国家或者世界看作一个整体，一个人的成长，从出生到成年，社会功能辅助系统必然要发挥相应的作用。我们不能舍弃任何一个民众（细胞），因为他是社会的一分子。

每个人都是社会的细胞，每个企业就像社会大大小小的功能单位。但从目前来看，人类社会的治理智慧，远远比不上细胞与人体间的协作智慧。

人类社会演化、发展到现在，每个个体都是社会中的一部分，从更多人组成的社会中获得自己需要的，也通过参与社会活动，为社会做出应有的贡献。社会发展进化到现代社会，像谷歌、脸书、微软、苹果、三星、华为、腾讯、阿里巴巴、京东、百度等这样的大公司正在重新塑造社会。

它们与在传统行业拥有超级地位的大公司、强大的金融业共同左右着世界经济。这看上去就像人体的重要功能器官，在地区及全球发挥着重要作用。

强大的互联网企业、新技术公司、传统行业巨无霸、金融业，已经强化到具有类似社会功能器官的作用。本来属于世界经济重要功能的单位却在社会治理中看上去不那么对称，就像人体一样，不平衡的发展会导致健康问题。

生物从单细胞进化到多细胞后，就像人群一样，细胞间能够交流，改变角色，进行合作与分工，体现群体智慧。当它们形成长期的合作，一个表现整体意识的多细胞生物就诞生了。

生物的演化为人类社会的进化提供了一些线索与依据。人类从族群到国家，从公司到跨国集团，很多的行为与生物群体的进化路线似乎异曲同工。

人类文明发展到现在，已经具有良好的经济与科技基础，但国家、公司之间还在秉持社会达尔文主义的原则，消耗过度的资源已经影响环境，开始像雾霾一样反作用于人类自身。人类已经开始意识到这个问题，但各个国家、企业、个人依然以自身利益为核心。

当然，人类的智慧足够意识到这些问题，现在最核心的问题是决策。理论研究者提供模型，大企业、国家、社会决策推动，在推动这种机制的过程中，必然会产生新的领袖国家与商业领袖。